VIE

DE

FRANKLIN

PAR M. MIGNET

MEMBRE DE L'ACADÉMIE FRANÇAISE
SECRÉTAIRE PERPÉTUEL DE L'ACADÉMIE DES SCIENCES MORALES
ET POLITIQUES

CINQUIÈME ÉDITION.

PARIS

LIBRAIRIE ACADÉMIQUE

DIDIER ET Cⁱᵉ, LIBRAIRES-ÉDITEURS

35, QUAI DES AUGUSTINS, 35

1870

Paris. — Imprimerie Adolphe Lainé, rue des Saints-Pères, 19.

VIE

DE FRANKLIN

AVERTISSEMENT

J'ai surtout fait usage, pour composer cette *Vie de Franklin*, de ses écrits, de ses Mémoires, de ses Lettres, publiés, en six volumes in-8°, par son petit-fils William Temple Franklin. Voici le titre de cette précieuse collection des œuvres de ce grand homme : « MEMOIRS ON THE LIFE AND WRITINGS OF BENJAMIN FRANKLIN LL. D. F. R. S., etc., minister plenipotentiary from the United-States of America at the Court of France, and for the Treaty of Peace and Independance with Great Britain, etc., written by himself to a late period, and continued to the time of his death by his grandson William Temple Franklin. » J'ai complété ce qui concerne ses ouvrages en me servant du recueil qui en a été formé à Londres en trois volumes, sous le titre de *The Works of Benjamin Franklin*. Les Mémoires ont été traduits et imprimés plusieurs fois; il en est de même de ses principaux écrits politiques, philosophiques, scientifiques.

J'ai eu recours également aux deux grandes collections publiées par M. Jared Sparks, au nom du Congrès des États Unis; l'une renfermant, en douze volumes, toutes les correspondances des agents et du gouverne-

ment des Etats-Unis relatives à l'indépendance américaine (*the diplomatic Correspondence of the american
Revolution;* Boston, 1829); et l'autre contenant, en
douze volumes aussi, la vie, les lettres et les écrits de
Georges Washington sur la guerre, la constitution,
le gouvernement de cette république. (*The Writings
of George Washington, being his Correspondences,
Addresses, Messages, and other Papers official and
private, selected and published from the original Ma-
nuscripts, with the Life of the Author*; Boston, 1837.)
Je n'ai pas consulté sans utilité ce qu'ont dit de Franklin deux hommes qui ont vécu neuf ans dans son
intimité lorsqu'il était à Passy : l'abbé Morellet dans
ses Mémoires, et Cabanis dans la *Notice* qu'il a donnée
sur lui (tome V des *Œuvres* de Cabanis).

Enfin je me suis servi également, dans ce que j'ai
dit sur l'Amérique avant son indépendance et pendant
la guerre qu'elle a soutenue pour l'établir, de l'*History
of the Colonisation of the United-States,* par M. George
Bancroft ; de *Storia della Guerra dell' Independenza
degli Stati-Uniti d'America* (quatre volumes), par
M. Botta, laquelle contient les principaux discours et
actes officiels ; de l'excellent ouvrage de M. de Toc
queville sur la *Démocratie en Amérique,* et de la
Correspondance déposée aux Archives des affaires
étrangères.

VIE
DE FRANKLIN

PREMIÈRE PARTIE

CHAPITRE PREMIER

Enseignements qu'offre la vie de Franklin.

« Né dans l'indigence et dans l'obscurité, dit
Franklin en écrivant ses Mémoires, et y ayant passé
mes premières années, je me suis élevé dans le
monde à un état d'opulence, et j'y ai acquis quelque
célébrité. La fortune ayant continué à me favoriser,
même à une époque de ma vie déjà avancée, mes
descendants seront peut-être charmés de connaître
les moyens que j'ai employés pour cela, et qui, grâce
à la Providence, m'ont si bien réussi ; et ils peuvent
servir de leçon utile à ceux d'entre eux qui, se trouvant dans des circonstances semblables, croiraient
devoir les imiter. »

Ce que Franklin adresse à ses enfants peut être
utile à tout le monde. Sa vie est un modèle à suivre.
Chacun peut y apprendre quelque chose, le pauvre

comme le riche, l'ignorant comme le savant, le simple citoyen comme l'homme d'État. Elle offre surtout des enseignements et des espérances à ceux qui, nés dans une humble condition, sans appui et sans fortune, sentent en eux le désir d'améliorer leur sort, et cherchent les moyens de se distinguer parmi leurs semblables. Ils y verront comment le fils d'un pauvre artisan, ayant lui-même travaillé longtemps de ses mains pour vivre, est parvenu à la richesse à force de labeur, de prudence et d'économie; comment il a formé tout seul son esprit aux connaissances les plus avancées de son temps, et plié son âme à la vertu par des soins et avec un art qu'il a voulu enseigner aux autres; comment il a fait servir sa science inventive et son honnêteté respectée aux progrès du genre humain et au bonheur de sa patrie.

Peu de carrières ont été aussi pleinement, aussi vertueusement, aussi glorieusement remplies que celle de ce fils d'un teinturier de Boston, qui commença par couler du suif dans des moules de chandelles, se fit ensuite imprimeur, rédigea les premiers journaux américains, fonda les premières manufactures de papier dans ces colonies dont il accrut la civilisation matérielle et les lumières; découvrit l'identité du fluide électrique et de la foudre, devint membre de l'Académie des sciences de Paris et de presque tous les corps savants de l'Europe; fut auprès de la métropole le courageux agent des colonies soumises, auprès de la France et de l'Espagne le négociateur heureux des colonies insurgées, et se

plaça à côté de George Washington comme fondateur de leur indépendance ; enfin, après avoir fait le
bien pendant quatre-vingt-quatre ans, mourut envi-
ronné des respects des deux mondes comme un sage
qui avait étendu la connaissance des lois de l'univers, comme un grand homme qui avait contribué à
l'affranchissement et à la prospérité de sa patrie, et
mérita non-seulement que l'Amérique tout entière
portât son deuil, mais que l'Assemblée constituante
de France s'y associât par un décret public.

Sans doute il ne sera pas facile, à ceux qui con-
naîtront le mieux Franklin, de l'égaler. Le génie ne
s'imite pas ; il faut avoir reçu de la nature les plus
beaux dons de l'esprit et les plus fortes qualités du
caractère pour diriger ses semblables, et influer
aussi considérablement sur les destinées de son
pays. Mais, si Franklin a été un homme de génie, il
a été aussi un homme de bon sens ; s'il a été un
homme vertueux, il a été aussi un homme honnête ; s'il a été un homme d'État glorieux, il a été
aussi un citoyen dévoué. C'est par ce côté du bon
sens, de l'honnêteté, du dévouement, qu'il peut apprendre à tous ceux qui liront sa vie à se servir de
l'intelligence que Dieu leur a donnée pour éviter
les égarements des fausses idées ; des bons sentiments que Dieu a déposés dans leur âme, pour
combattre les passions et les vices qui rendent malheureux et pauvre. Les bienfaits du travail, les
heureux fruits de l'économie, la salutaire habitude
d'une réflexion sage qui précède et dirige toujours
la conduite, le désir louable de faire du bien aux

hommes, et par là de se préparer la plus douce des satisfactions et la plus utile des récompenses, le contentement de soi et la bonne opinion des autres : voilà ce que chacun peut puiser dans cette lecture.

Mais il y a aussi dans la vie de Franklin de belles leçons pour ces natures fortes et généreuses qui doivent s'élever au-dessus des destinées communes. Ce n'est point sans difficulté qu'il a cultivé son génie, sans effort qu'il s'est formé à la vertu, sans un travail opiniâtre qu'il a été utile à son pays et au monde. Il mérite d'être pris pour guide par ces privilégiés de la Providence, par ces nobles serviteurs de l'humanité, qu'on appelle les grands hommes. C'est par eux que le genre humain marche de plus en plus à la science et au bonheur. L'inégalité qui les sépare des autres hommes et que les autres hommes seraient tentés d'abord de maudire, ils en comblent promptement l'intervalle par le don de leurs idées, par le bienfait de leurs découvertes, par l'énergie féconde de leurs impulsions. Ils élèvent peu à peu jusqu'à leur niveau ceux qui n'auraient jamais pu y arriver tout seuls. Ils les font participer ainsi aux avantages de leur bienfaisante inégalité, qui se transforme bientôt pour tous en égalité d'un ordre supérieur. En effet, au bout de quelques générations, ce qui était le génie d'un homme devient le bon sens du genre humain, et une nouveauté hardie se change en usage universel. Les sages et les habiles des divers siècles ajoutent sans cesse à ce trésor commun où puise l'humanité, qui sans eux serait restée dans sa pauvreté primitive, c'est-à-dire dans son ignorance et dans sa faiblesse. Poussons donc à la vraie science, car il n'y a pas de vérité qui, en détruisant une misère, ne tue un vice. Honorons les hommes supérieurs, et proposons-les en imitation ; car c'est en préparer de semblables, et jamais le monde n'en a eu un besoin plus grand.

CHAPITRE II

La famille de Franklin était une famille d'anciens et d'honnêtes artisans. Originaire du comté de Northampton en Angleterre, elle y possédait, au village d'Ecton, une terre d'environ trente acres d'étendue, et une forge qui se transmettait héréditairement de père en fils par ordre de primogéniture. Depuis la révolution qui avait changé la croyance religieuse de l'Angleterre, cette famille avait embrassé les opinions simples et rigides de la secte presbytérienne, laquelle ne reconnaissait, ni comme les catholiques la tradition de l'Église et la suprématie du pape, ni comme les anglicans la hiérarchie de l'épiscopat et la suprématie ecclésiastique du roi. Elle vivait très-chrétiennement et très-démocratiquement, élisant ses ministres et réglant elle-même son culte. Ce furent les pieux et austères partisans de cette secte qui, ne pouvant pratiquer leur foi avec liberté dans leur pays sous le règne des trois derniers Stuarts, aimèrent mieux le quitter pour aller fonder, de 1620 à 1682, sur les côtes âpres et désertes de l'Amérique septentrionale, des colonies où ils pussent prier et vivre comme ils l'entendaient. La religion rendue plus sociable encore par la liberté, la liberté rendue plus régulière par le sentiment du devoir et le respect du droit, furent les fortes bases sur lesquelles reposèrent les colonies de la Nouvelle-Angleterre et se développa le grand peuple des États-Unis.

Le père de Benjamin Franklin, qui était un presbytérien zélé, partit pour la Nouvelle-Angleterre à la fin du règne de Charles II, lorsque les lois interdisaient sévèrement les conventicules des dissidents religieux. Il se nommait Josiah, et il était le dernier de quatre frères. L'aîné, Thomas, était forgeron ; le second, John, était teinturier en étoffes de laine ; le troisième, Benjamin, était, comme lui, teinturier en étoffes de soie. Il émigra avec sa femme et trois enfants vers 1682, l'année même pendant laquelle le célèbre quaker Guillaume Penn fondait sur les bords de la Delaware la colonie de Pensylvanie, où son fils était destiné à jouer, trois quarts de siècle après, un si grand rôle. Il alla s'établir à Boston, dans la colonie de Massachussets, qui existait depuis 1628. Son ancien métier de teinturier en soie, qui était un métier de luxe, ne lui donnant pas assez de profits pour les besoins de sa famille, il se fit fabricant de chandelles.

Ce ne fut que la vingt-quatrième année de son séjour à Boston qu'il eut de sa seconde femme, Abiah Folgier, Benjamin Franklin. Il s'était marié deux fois. Sa première femme, venue avec lui d'Angleterre, lui avait donné sept enfants. La seconde

lui en donna dix. Benjamin Franklin, le dernier de
ses enfants mâles et le quinzième de tous ses enfants, naquit le 17 janvier 1706. Il vit jusqu'à treize
de ses frères et de ses sœurs assis en même temps
que lui à la table de son père, qui se confia dans son
travail et dans la Providence pour les élever et les
établir.

L'éducation qu'il leur procura ne pouvait pas être
coûteuse, ni dès lors bien relevée. Ainsi Benjamin
Franklin ne resta à l'école qu'une année entière.
Malgré les heureuses dispositions qu'il montrait,
son père ne voulut pas le mettre au collége, parce
qu'il ne pouvait pas supporter les dépenses d'une
instruction supérieure. Il se contenta de l'envoyer
quelque temps chez un maître d'arithmétique et
d'écriture. Mais s'il ne lui donna point ce que Benjamin Franklin devait se procurer plus tard lui-
même, il lui transmit un corps sain, un sens droit,
une honnêteté naturelle, le goût du travail, les meilleurs sentiments et les meilleurs exemples.

L'avenir des enfants est en grande partie dans les
parents. Il y a un héritage plus important encore que
celui de leurs biens, c'est celui de leurs qualités. Ils
communiquent le plus souvent, avec la vie, les traits
de leur visage, la forme de leur corps, les moyens
de santé ou les causes de maladie, l'énergie ou la
mollesse de l'esprit, la force ou la débilité de l'âme,
suivant ce qu'ils sont eux-mêmes. Il leur importe
donc de soigner en eux leurs propres enfants. S'ils
sont énervés, ils sont exposés à les avoir faibles ; s'ils
ont contracté des maladies, ils peuvent leur en

transmettre le vice et les condamner à une vie dou-
loureuse et courte. Il n'en est pas seulement ainsi
dans l'ordre physique, mais dans l'ordre moral. En
cultivant leur intelligence dans la mesure de leur
position, en suivant les règles de l'honnête et les
lois du vrai, les parents communiquent à leurs enfants un sens plus fort et plus droit, leur donnent
l'instinct de la délicatesse et de la sincérité avant de
leur en offrir l'exemple. Et, au contraire, en altérant
dans leur propre esprit les lumières naturelles, en
enfreignant par leur conduite les lois que la providence de Dieu a données au monde, et dont la vio-
lation n'est jamais impunie, ils les font ordinairement participer à leur imperfection intellectuelle et
à leur dérèglement moral. Il dépend donc d'eux, plus
qu'ils ne pensent, d'avoir des enfants sains ou ma-
ladifs, intelligents ou bornés, honnêtes ou vicieux,
qui vivent bien ou mal, peu ou beaucoup. C'est la
responsabilité qui pèse sur eux, et qui, selon qu'ils
agissent eux-mêmes, les récompense ou les punit
dans ce qu'ils ont de plus cher.

Franklin eut le bonheur d'avoir des parents sains,
laborieux, raisonnables, vertueux. Son père attei-
gnit l'âge de quatre-vingt-neuf ans. Sa mère, aussi
distinguée par la pieuse élévation de son âme que
par la ferme droiture de son esprit, en vécut quatre-
vingt-quatre. Il reçut d'eux et le principe d'une
longue vie, et, ce qui valait mieux encore, les germes des plus heureuses qualités pour la remplir dignement. Ces germes précieux, il sut les développer. Il apprit de bonne heure à réfléchir et à se

régler. Il était ardent et passionné, et personne ne
parvint mieux à se rendre maître absolu de lui-
même. La première leçon qu'il reçut à cet égard, et
qui fit sur lui une impression ineffaçable, lui fut
donnée à l'âgée de six ans. Un jour de fête, il avait
quelque monnaie dans sa poche, et il allait acheter
des jouets d'enfants. Sur son chemin, il rencontra
un petit garçon qui avait un sifflet, et qui en tirait
des sons dont le bruit vif et pressé le charma. Il
offrit tout ce qu'il avait d'argent pour acquérir ce
sifflet qui lui faisait envie. Le marché fut accepté ;
et, dès qu'il en fut devenu le joyeux possesseur, il
rentra chez lui en sifflant à étourdir tout le monde
dans la maison. Ses frères, ses sœurs, ses cousines,
lui demandèrent combien il avait payé cet incom-
mode amusement. Il leur répondit qu'il avait donné
tout ce qu'il avait dans sa poche. Ils se récrièrent, en
lui disant que ce sifflet valait dix fois moins, et ils énu-
mérèrent malicieusement tous les jolis objets qu'il
aurait pu acheter avec le surplus de ce qu'il devait le
payer. Il devint alors tout pensif, et le regret qu'il
éprouva dissipa tout son plaisir. Il se promit bien,
lorsqu'il souhaiterait vivement quelque chose, de
savoir auparavant combien cela coûtait, et de résister
à ses entraînements par le souvenir du *sifflet*.

Cette histoire, qu'il racontait souvent et avec
grâce, lui fut utile en bien des rencontres. Jeune et
vieux, dans ses sentiments et dans ses affaires, avant
de conclure ses opérations commerciales et d'arrêter
ses déterminations politiques, il ne manqua jamais
de se rappeler l'achat du sifflet. — C'était l'avertis-

sement qu'il donnait à sa raison, le frein qu'il mettait à sa passion. Quoi qu'il désirât, qu'il achetât ou qu'il entreprît, il se disait : *Ne donnons pas trop pour le sifflet.* La conclusion qu'il en avait tirée pour lui-même, il l'appliquait aux autres, et il trouvait que « la plus grande partie des malheurs de l'espèce humaine venaient des estimations fausses qu'on faisait de la valeur des choses, et de ce qu'*on donnait trop pour les sifflets.*

Dès l'âge de dix ans, son père l'avait employé dans sa fabrication de chandelles ; pendant deux années il fut occupé à couper des mèches, à les placer dans les moules, à remplir ensuite ceux-ci de suif, et à faire les commissions de la boutique paternelle. Ce métier était peu de son goût. Dans sa généreuse et intelligente ardeur, il voulait agir, voir, apprendre. Élevé aux bords de la mer, où, durant son enfance, il allait se plonger presque tout le jour dans la saison d'été, et sur les flots de laquelle il s'aventurait souvent avec ses camarades en leur servant de pilote, il désirait devenir marin. Pour le détourner de cette carrière, dans laquelle était déjà entré l'un de ses fils, son père le conduisit tour à tour chez des menuisiers, des maçons, des vitriers, des tourneurs, etc., afin de reconnaître la profession qui lui conviendrait le mieux. Franklin porta dans les divers ateliers qu'il visitait cette attention observatrice qui le distingua en toutes choses, et il apprit à manier les instruments des diverses professions en voyant les autres s'en servir. Il se rendit ainsi capable de fabriquer plus tard, avec adresse, les petits ouvrages dont il eut besoin dans sa maison, et les machines qui lui furent nécessaires pour ses expériences. Son père se décida à le faire coutelier. Il le mit à l'essai chez son cousin Samuel Franklin, qui, après s'être formé dans ce métier à Londres, était venu s'établir à Boston; mais la somme exigée pour son apprentissage ayant paru trop forte, il fallut renoncer à ce projet. Franklin n'eut point à s'en plaindre, car bientôt il embrassa une profession à laquelle il était infiniment plus propre.

Son esprit était trop actif pour rester dans l'oisiveté et dans l'ignorance. Il aimait passionnément la lecture : la petite bibliothèque de son père, qui était composée surtout de livres théologiques, fut bientôt épuisée. Il y trouva un *Plutarque* qu'il dévora, et il eut les grands hommes de l'antiquité pour ses premiers maîtres. L'*Essai sur les projets*, de Defoë, l'amusant auteur de *Robinson Crusoé*, et l'*Essai sur les moyens de faire le bien*, du docteur Mather, l'intéressèrent vivement, parce qu'ils s'accordaient avec le tour de son imagination et le penchant de son âme. Le peu d'argent qu'il avait était employé à acheter des livres.

Son père, voyant ce goût décidé et craignant, s'il ne le satisfaisait point, qu'il ne se livrât à son autre inclination toujours subsistante pour la marine, le destina enfin à être imprimeur. Il le plaça en 1718 chez l'un de ses fils, nommé James, qui était revenu d'Angleterre, l'année précédente, avec une presse et des caractères d'imprimerie. Le contrat d'apprentissage fut conclu pour neuf ans. Pendant les huit premières années Benjamin Franklin devait servir sans rétribution son frère, qui, en retour, devait le nourrir et lui donner, la neuvième année, le salaire d'un ouvrier.

Il devint promptement très-habile. Il avait beaucoup d'adresse, qu'il accrut par beaucoup d'application. Il passait le jour à travailler, et une partie de la nuit à s'instruire. C'est alors qu'il étudia tout ce qu'il ignorait, depuis la grammaire jusqu'à la philosophie; qu'il apprit l'arithmétique, dont il savait imparfaitement les règles, et à laquelle il ajouta la connaissance de la géométrie et la théorie de la navigation; qu'il fit l'éducation méthodique de son esprit, comme il fit un peu plus tard celle de son caractère. Il y parvint à force de volonté et de privations. Celles-ci, du reste, lui coûtaient peu, quoiqu'il prît sur la qualité de sa nourriture et les heures de son repos pour se procurer les moyens et le temps d'apprendre. Il avait lu qu'un auteur ancien, s'élevant contre l'*usage de manger de la chair*, recommandait de ne se nourrir que de végétaux. Depuis ce moment, il avait pris la résolution de ne plus rien manger qui eût vie, parce qu'il croyait que c'était là une habitude à la fois barbare et pernicieuse. Pour tirer profit de sa sobriété systématique, il avait proposé à son frère de se nourrir lui-même, avec la moitié de l'argent qu'il dépensait pour cela chaque semaine. L'arrangement fut agréé; et Franklin, se contentant d'une soupe du gruau qu'il faisait grossièrement lui-même, mangeant debout et vite un morceau de pain avec un fruit, ne buvant que de l'eau, n'employa point tout entière la petite somme qui lui fut remise par son frère. Il économisa sur elle assez d'argent pour acheter des livres, ét, sur les heures consacrées aux repas, assez de temps pour les lire.

Les ouvrages qui exercèrent le plus d'influence sur lui furent : l'*Essai sur l'entendement humain* de Locke, le *Spectateur* d'Addison, les *Faits mémorables de Socrate* par Xénophon. Il les lut avidement, et y chercha des modèles de réflexion, de langage, de discussion. Locke devint son maître dans l'art de penser, Addison dans celui d'écrire, Socrate dans celui d'argumenter. La simplicité élégante, la sobriété substantielle, la gravité fine et la pénétrante clarté du style d'Addison, furent l'objet de sa patiente et heureuse imitation. Une traduction des *Lettres provinciales*, dont la lecture l'enchanta, acheva de le former à l'usage de cette délicate et forte controverse où, guidé par Socrate et par Pascal, il mêla le bon sens caustique et la grâce spirituelle de l'un avec la haute ironie et la vigueur invincible de l'autre.

Mais, en même temps qu'il acquit plus d'idées, il perdit les vieilles croyances de sa famille. Les œuvres de Collins et de Shaftesbury le conduisirent à l'incrédulité par le même chemin que suivit Voltaire. Son esprit curieux se porta sur la religion pour douter de sa vérité, et il fit servir sa subtile argumentation à en contester les vénérables fondements. Il resta quelque temps sans croyance arrêtée, n'admettant plus la révélation chrétienne, et n'étant pas suffisamment éclairé par la révélation naturelle. Cessant d'être chrétien soumis sans être devenu philosophe assez clairvoyant, il n'avait plus la règle morale qui lui avait été transmise, et il n'avait point encore celle qu'il devait bientôt se donner lui-même pour ne jamais l'enfreindre.

CHAPITRE III

La conduite de Franklin se ressentit du change-
ment de ses principes : elle se relâcha. C'est alors
qu'il commit les trois ou quatre fautes qu'il nomme
les *errata* de sa vie, et qu'il corrigea ensuite avec
grand soin, tant il est vrai que les meilleurs in-
stincts ont besoin d'être soutenus par de fermes doctrines.

La première faute de Franklin fut un manque de
bonne foi à l'égard de son frère. Il n'avait pas à se
louer de lui. Son frère était exigeant, jaloux, impérieux, le maltraitait quelquefois, et il exerçait sans
ménagement et sans affection l'autorité que la règle
et l'usage donnaient au maître sur son apprenti. Il
trouvait le jeune Franklin trop vain de son esprit et
de son savoir, bien qu'il eût tiré de l'un et de l'autre
un très-bon parti pour lui-même. Il avait en effet
commencé vers 1721 à imprimer un journal intitulé
the New England Courant. C'était le second qui paraissait en Amérique. Le premier s'appelait *the Boston News Letter*. Le jeune Franklin, après en
avoir composé les planches et tiré les feuilles, le
portait aux abonnés. Il se sentit capable de faire

mieux que cela, et il déposa clandestinement des articles dont l'écriture était contrefaite, et qui réussirent beaucoup. Le succès qu'ils obtinrent l'enhardit à s'en désigner comme l'auteur, et il travailla depuis lors ouvertement au journal, au grand avantage de son frère. Or il arriva qu'un jour des poursuites furent dirigées, pour un article politique trop hardi, contre James Franklin, qui fut emprisonné pendant un mois. De plus, son journal fut supprimé.

Les deux frères convinrent de le faire reparaître sous le nom de Benjamin Franklin, qui en avait été quitte pour une mercuriale. Il fallut pour cela annuler l'ancien contrat d'apprentissage, afin que le cadet sortît de la dépendance de l'aîné, devînt libre de sa conduite et responsable de ses publications. Mais, pour que James ne fût pas privé du travail de Benjamin, on signa un nouveau brevet d'apprentissage qui devait rester secret entre les parties, et les lier comme auparavant. Quelque temps après, une des nombreuses querelles qui s'élevaient entre les deux frères étant survenue, Benjamin se sépara de James; il profita de l'annulation du premier engagement, pensant bien que son frère n'oserait pas invoquer le second. Mais celui-ci, outré de son manque de foi et soutenu par son père, qui embrassa son parti, empêcha que Franklin n'obtînt de l'ouvrage à Boston.

Franklin résolut d'en aller chercher ailleurs. Au tort qu'il avait eu de se soustraire à ses obligations envers son frère, il ajouta celui de quitter secrètement sa famille, qu'il laissa plongée dans la désolation. Sans le prévenir de son projet, après avoir vendu quelques livres pour se procurer un peu d'argent, il s'embarqua en septembre 1723 pour New-York. Ce fut dans le trajet de Boston à cette ville qu'il cessa de se nourrir uniquement de végétaux. Il aimait beaucoup le poisson; les matelots, retenus dans une baie par un grand calme, y avaient, pêché des morues. Pendant qu'ils les arrangeaient pour les faire cuire, Franklin assistait aux apprêts de leur repas, et il aperçut de petites morues dans l'estomac des grandes, qui les avaient avalées. « Ah! ah! dit-il, vous vous mangez donc entre vous? Et pourquoi l'homme ne vous mangerait-il pas aussi? » Cette observation le fit renoncer à son système, et il se tira d'une manie par un trait d'esprit.

Il ne trouva point de travail à New-York, où l'imprimerie n'était pas plus florissante que dans le reste des colonies, qui tiraient encore tout de l'Angleterre, et le peu de livres dont elles avaient besoin, et le papier qu'elles employaient, et les gazettes qu'elles lisaient, et les almanachs mêmes qu'elles consultaient. Il était un jour réservé à Franklin de faire une révolution à cet égard; mais, pour le moment, il n'eut pas le moyen de gagner sa vie à New-York, et il se détermina à pousser jusqu'à Philadelphie. Il s'y rendit par mer, dans une mauvaise barque que les vents ballottaient, que la pluie inonda, où il souffrit la faim, fut saisi par la fièvre, et d'où il descendit harassé, souillé de boue, en habit d'ouvrier, avec un dollar et un schelling dans sa poche. C'est dans cet équipage qu'il fit son entrée à Philadelphie, dans la capitale de la colonie dont il devait être le mandataire à Londres, de l'État dont il devait être le représentant au Congrès et le président suprême.

Il fut employé par un mauvais imprimeur nommé Keimer, qui s'y était récemment établi avec une vieille presse endommagée et une petite collection de caractères usés fondus en Angleterre. Grâce à Franklin, qui était un excellent ouvrier, cette imprimerie imparfaite marcha assez bien. Son habileté, sa bonne conduite, la distinction de ses manières et de son esprit, le firent remarquer du gouverneur de la Pensylvanie, William Keith, qui aurait voulu l'attacher à la province comme imprimeur. Il se chargea donc d'écrire à son père Josiah, pour lui persuader de faire les avances nécessaires à son établissement. Honoré du suffrage du gouverneur, la poche bien remplie des dollars qu'il avait économisés, Franklin se hasarda à reparaître dans sa ville natale, au milieu de sa famille, qui l'accueillit avec joie et sans reproche. Mais le vieux Josiah ne se rendit point aux vœux du gouverneur Keith, qu'il trouva peu sage de mettre tant de confiance dans un jeune homme de dix-huit ans qui avait quitté la maison paternelle. Il refusa donc, et parce qu'il n'avait pas le moyen de lui monter une imprimerie, et parce qu'il ne le jugeait pas capable encore de la conduire.

Il ne se trompait point en se défiant de la pru-

dence de son fils. Franklin commit à cette époque
le second de ses *errata*, en se rendant coupable
d'une faute moins blâmable que la première par
l'intention, mais pouvant être plus grave par les conséquences. Un ami de sa famille, nommé Vernon,
le chargea de recouvrer la somme de trente-cinq livres sterling (huit cent quarante francs de France)
qui lui était due à Philadelphie. Ce dépôt, qu'il aurait
fallu garder intact jusqu'à ce que son possesseur le
réclamât, Franklin eut la faiblesse de l'entamer pour
venir en aide à ses propres amis. Deux compagnons
d'étude et d'incrédulité, spirituels mais oisifs, habiles à argumenter et même à écrire, mais hors
d'état de gagner de quoi vivre dans les colonies, fé-
conds en projets, mais dénués d'argent, l'avaient
suivi de Boston à Philadelphie : ils se nommaient,
l'un Collins, et l'autre Ralph. Ils vécurent à ses dépens, le premier à Philadelphie, le second à Londres, lorsqu'ils s'y rendirent ensemble avant la fin
même de cette année. Comme le salaire de ses
journées ne suffisait pas, il se servit de la somme
dont le recouvrement lui avait été confié. Il avait
bien le dessein de la compléter ensuite, mais en au-
rait-il la puissance? Heureusement pour lui, Vernon
ne la redemanda que beaucoup plus tard.

Cette faute, qui tourmenta sa conscience pendant
plusieurs années, et qui resta suspendue sur son
honnêteté comme une redoutable menace, ne fut
point le dernier de ses *errata*. En arrivant à Philadelphie, la première personne qu'il avait remarquée
était une jeune fille à peu près de son âge, dont la

tournure agréable, l'air doux et rangé, lui avaient inspiré autant de respect que de goût. Cette jeune fille, qui, six années après, devint sa femme, s'appelait miss Read. Il lui avait fait la cour, et elle éprouvait pour lui l'affection qu'il avait ressentie pour elle. Lorsqu'il fut revenu de Boston, le gouverneur Keith, persistant dans ses bienveillants projets, qui semblaient s'accorder avec les intérêts de la colonie, lui dit : « Puisque votre père ne veut pas vous établir, je me chargerai de le faire. Donnez-moi un état des choses qu'il faut tirer d'Angleterre, et je les ferai venir : vous me payerez quand vous le pourrez. Je veux avoir ici un bon imprimeur, et je suis sûr que vous réussirez. » Franklin dressa le compte qui lui était demandé. La somme de cent livres sterling (deux mille cinq cents francs) lui parut suffisante à l'acquisition d'une petite imprimerie, qu'il dut aller acheter lui-même en Angleterre, sur l'invitation et avec des lettres du gouverneur.

Avant de partir, il aurait été assez enclin à épouser miss Read. Mais la mère de celle-ci, les trouvant trop jeunes, renvoya sagement le mariage au moment où Franklin reviendrait de Londres et s'établirait comme imprimeur à Philadelphie. Ayant *conclu*, pour employer ses propres paroles, *avec miss Read un échange de douces promesses*, il quitta le continent américain, suivi de son ami Ralph. A peine arrivé à Londres, il s'aperçut que le gouverneur Keith l'avait leurré. Les lettres de recommandation et de crédit qu'il lui avait spontanément offertes, il ne les avait pas envoyées. Par une disposition étrange de caractère, le désir d'être bienveillant le rendait prodigue de promesses, la vanité de se mettre en avant le conduisait à être trompeur. Il offrait sans pouvoir tenir et devenait funeste à ceux auxquels il s'intéressait, sans toutefois vouloir leur nuire.

Franklin, au lieu de devenir maître, se vit réduit à rester ouvrier. Il s'arrêta dix-huit mois à Londres, où il travailla successivement chez les deux plus célèbres imprimeurs, Palmer et Wats. Il y fut reçu d'abord comme pressier, ensuite comme compositeur. Plus sobre, plus laborieux, plus prévoyant que ses camarades, il avait toujours de l'argent ; et, quoiqu'il ne bût que de l'eau, il répondait pour eux auprès du marchand de bière, chez lequel ses camarades buvaient souvent à crédit. « Ce petit service, dit-il, et la réputation que j'avais d'être un bon plaisant et de savoir manier la raillerie, maintinrent ma prééminence parmi eux. Mon exactitude n'était pas moins agréable au maître, car jamais je ne fêtais *saint Lundi*, et la promptitude avec laquelle je composais faisait qu'il me chargeait toujours des ouvrages pressés, qui sont ordinairement les mieux payés. » Son ami Ralph était à sa charge. Sur ses économies, il lui avait fait des avances assez considérables. Mais leur liaison n'eut pas une meilleure issue que ne l'avait eue l'amitié de Franklin pour Collins. Celui-ci, devenu dissipé, ivrogne, impérieux, ingrat, avait rompu avec Franklin avant son départ d'Amérique, et alla lui-même mourir aux îles Barbades, en y élevant le fils d'un riche Hollandais. Ralph, malgré son talent littéraire, fut réduit à s'établir dans un village comme maître d'école. Marié en Amérique, il avait contracté à Londres une liaison intime avec une jeune ouvrière en modes. Franklin visitait celle-ci assez souvent pendant l'absence de Ralph ; il lui donnait même ce dont elle avait besoin et ce que son travail ne suffisait point à lui procurer. Mais il prit trop de goût à sa compagnie et se laissa entraîner à le lui montrer. Il avait complétement négligé de donner de ses nouvelles à miss Read, ce qui fut le troisième de ses *errata;* et non-seulement il se rendit coupable d'oubli envers elle, mais il courtisa la maîtresse de son ami : ce qui fut le quatrième et le dernier de ses *errata.* S'étant permis à son égard quelques libertés qui furent repoussées, comme il l'avoue, avec un *ressentiment convenable,* Ralph en fut instruit, et tout commerce d'amitié cessa entre eux. Ralph signifia à Franklin que sa conduite annulait sa créance, le dispensait lui-même de toute gratitude ainsi que de tout payement, et il ne lui restitua jamais les vingt-sept livres sterling (six cent quarante-huit francs) qu'il lui devait.

En réfléchissant aux écarts de ses amis et à ses propres fautes, Franklin changea alors de maximes. Les principes relâchés de Collins, de Ralph et du gouverneur Keith, qui l'avaient trompé ; l'affaiblissement de ses croyances morales, qui l'avait conduit lui-même à méconnaître l'engagement contracté envers son frère, à violer le dépôt confié à sa probité par Vernon, à oublier la promesse de souvenir et d'affection faite à miss Read, à tenter la séduction de la maîtresse de son ami, lui montrèrent la nécessité de règles fixes pour l'esprit, inviolables pour la conduite. « Je demeurai convaincu, dit-il, que la *vérité*, la *sincérité*, l'*intégrité* dans les transactions entre les hommes étaient de la plus grande importance pour le bonheur de la vie, et je formai par écrit la résolution de ne jamais m'en écarter tant que je vivrais. » Cette résolution, qu'il prit à l'âge de dix-neuf ans, il la tint jusqu'à l'âge de quatre-vingt-quatre. Il répara successivement toutes ses fautes et n'en commit plus. Il accomplit, d'après des idées raisonnées, des devoirs certains, et s'éleva même jusqu'à la vertu.

Comment y parvint-il? C'est ce que nous allons voir.

CHAPITRE IV

Croyance philosophique de Franklin. — Son art de la vertu. — Son algèbre morale. — Le perfectionnement de sa conduite.

En lisant la Bible et, dans la Bible, le livre des Proverbes, Franklin y avait vu : *La longue vie est dans ta main droite et la fortune dans ta main gauche.* Lorsqu'il examina mieux l'ordre du monde, et qu'il aperçut les conditions auxquelles l'homme pouvait y conserver la santé et s'y procurer le bonheur, il comprit toute la sagesse de ce proverbe. Il pensa qu'il dépendait, en effet, de lui de vivre long-temps et de devenir riche. Que fallait-il pour cela? Se conformer aux lois naturelles et morales données par Dieu à l'homme.

L'univers est un ensemble de lois. Depuis les astres qui gravitent durant des millions de siècles dans l'espace infini, en suivant les puissantes impulsions et les attractions invariables que leur a communiquées le suprême Auteur des choses, jusqu'aux insectes qui s'agitent pendant quelques minutes autour d'une feuille d'arbre, tous les corps et tous les êtres obéissent à des lois. Ces lois admirables, conçues par l'intelligence de Dieu, réalisées par sa bonté, entretenues par sa justice, ont introduit le mouvement avec toute sa perfection, ré-

pandu la vie avec toute sa richesse, conservé l'ordre
avec toute son harmonie, dans l'immense univers.
Placé au milieu, mais non au-dessus d'elles, fait
pour les comprendre, mais non pour les changer,
soumis aux lois matérielles des corps et aux lois vi-
vantes des êtres, l'homme, la plus élevée et la plus
compliquée des créatures, a reçu le magnifique don
de l'intelligence, le beau privilége de la liberté, le
divin sentiment de la justice. C'est pourquoi, intelligent, il est tenu de savoir les lois de l'univers :
juste, il est tenu de s'y soumettre ; libre, s'il s'en
écarte, il en est puni : car on ne saurait les enfreindre, soit dans l'ordre physique, soit dans l'ordre
moral, sans subir le châtiment de son ignorance ou
de sa faute. La santé ou la maladie, la félicité ou le
malheur, dépendent pour lui du soin habile avec
lequel il les observe, ou de la dangereuse persévérance avec laquelle il y manque. C'est ce que comprit Franklin.

De la contemplation de l'ordre du monde, remontant à son auteur, il affirma Dieu, et l'établit d'une
manière inébranlable dans son intelligence et dans
sa conscience. De la nature différente de l'esprit et
et de la matière, de l'esprit indivisible et de la
matière périssable, il conclut, avec le bon sens de
tous les peuples et les dogmes des religions les plus
grossières comme les plus épurées, la permanence
du principe spirituel, ou l'immortalité de l'âme.
De la nécessité de l'ordre dans l'univers, du sentiment de la justice dans l'homme, il fit résulter la
récompense du bien et la punition du mal, ou en

cette vie ou en une autre. L'existence de Dieu, la survivance de l'âme, la rémunération ou le châtiment des actions, suivant qu'elles étaient conformes ou contraires à la règle morale, acquirent à ses yeux l'autorité de dogmes véritables. Sa croyance naturelle prit la certitude d'une croyance révélée, et il composa, pour son usage personnel, une petite liturgie ou forme de prières, intitulée *Articles de foi et actes de religion.*

A cette religion philosophique il fallait des préceptes de conduite. Franklin se les imposa. Il aspira à une sorte de perfection humaine. « Je désirais, dit-il, vivre sans commettre aucune faute dans aucun temps, et me corriger de toutes celles dans lesquelles un penchant naturel, l'habitude ou la société pouvaient m'entraîner. » Mais les résolutions les plus fortes ne prévalent pas tout de suite contre les inclinations et les habitudes. Franklin sentit qu'il faut se vaincre peu à peu et se perfectionner avec art. Il lui parut que la méthode morale était aussi nécessaire à la vertu que la méthode intellectuelle à la science. Il l'appela donc à son secours.

Il fit un dénombrement exact des qualités qui lui étaient nécessaires, et auxquelles il voulait se former. Afin de s'en donner la facilité par la pratique, il les distribua entre elles de façon qu'elles se prêtassent une force mutuelle en se succédant dans un ordre opportun. Il ne se borna point à les classer, il les définit avec précision, pour bien savoir et ce qu'il devait faire et ce qu'il devait éviter. En plaçant sous treize noms les treize préceptes qu'il se proposa de suivre, voici le curieux tableau qu'il en composa :

« Ier. TEMPÉRANCE. Ne mangez pas jusqu'à vous abrutir, ne buvez pas jusqu'à vous échauffer la tête.

« IIe. SILENCE. Ne parlez que de ce qui peut être utile à vous ou aux autres.

« IIIe. ORDRE. Que chaque chose ait sa place fixe. Assignez à chacune de vos affaires une partie de votre temps.

« IVe. RÉSOLUTION. Formez la résolution d'exécuter ce que vous devez faire, et exécutez ce que vous aurez résolu.

« V^e. FRUGALITÉ. Ne faites que des dépenses utiles pour vous ou pour les autres, c'est-à-dire ne prodiguez rien.

« VIe. INDUSTRIE. Ne perdez pas le temps ; occupez-vous toujours de quelque objet utile. Ne faites rien qui ne soit nécessaire.

« VIIe. SINCÉRITÉ. N'employez aucun détour : que l'innocence et la justice président à vos pensées et dictent vos discours.

« VIIIe. JUSTICE. Ne faites tort à personne, et rendez aux autres les services qu'ils ont droit d'attendre de vous.

« IXe. MODÉRATION. Évitez les extrêmes ; n'ayez pas pour les injures le ressentiment que vous croyez qu'elles méritent.

« X^e. PROPRETÉ. Ne souffrez aucune malpropreté

sur vous, sur vos vêtements, ni dans votre demeure.

« XIe. Tranquillité. Ne vous laissez pas émouvoir par des bagatelles ou par des accidents ordinaires et inévitables.

« XIIe. Chasteté. . . . .

. . . .

« XIIIe. Humilité. Imitez Jésus et Socrate. »

Cette classification des règles d'une morale véritablement usuelle, ne récommandant point de renoncer aux penchants de la nature, mais de les bien diriger ; ne conduisant point au dévouement, mais à l'honnêteté ; préparant à être utile aux autres en se servant soi-même ; propre de tous points à former un homme et à le faire marcher avec droiture et succès dans les voies ardues et laborieuses de la vie ; cette classification n'avait rien d'arbitraire pour Franklin. « Je plaçai, dit-il, la *tempérance* la première, parce qu'elle tend à maintenir la tête froide et les idées nettes ; ce qui est nécessaire quand il faut toujours veiller, toujours être en garde, pour combattre l'attrait des anciennes habitudes et la force des tentations qui se succèdent sans cesse. Une fois affermi dans cette vertu, le *silence* deviendrait plus facile ; et mon désir étant d'acquérir des connaissances autant que de me fortifier dans la pratique des vertus ; considérant que, dans la conversation, on s'instruit plus par le secours de l'oreille que par celui de la langue ; désirant rompre l'habitude que j'avais contractée de parler sur des

riens, de faire à tout propos des jeux de mots et
des plaisanteries, ce qui ne rendait ma compagnie
agréable qu'aux gens superficiels, j'assignai le second rang au *silence*. J'espérai que, joint à l'*ordre*,
qui venait après, il me donnerait plus de temps
pour suivre mon plan et mes études. La *résolution*,
devenant habituelle en moi, me communiquerait
la persévérance nécessaire pour acquérir les autres
vertus ; la *frugalité* et l'*industrie*, en me soulageant
de la dette dont j'étais encore chargé, et en faisant
naître chez moi l'aisance et l'indépendance, me
rendraient plus facile l'exercice de la *sincérité*, de
la *justice*, etc. »

Sentant donc qu'il ne parviendrait point à se
donner toutes ces vertus à la fois, il s'exerça à les
pratiquer les unes après les autres. Il dressa un
petit livret où elles étaient toutes inscrites à leur
rang, mais où chacune d'elles devait tour à tour être
l'objet principal de son observation scrupuleuse
durant une semaine[1]. A la fin du jour, il marquait
par des croix les infractions qu'il pouvait y avoir
faites, et il avait à se condamner ou à s'applaudir,
selon qu'il avait noté plus ou moins de manque-
ments à la vertu qu'il se proposait d'acquérir. Il
parcourait ainsi en treize semaines les treize vertus
dans lesquelles il avait dessein de se fortifier successivement, et répétait quatre fois par an ce salutaire exercice. L'*ordre* et le *silence* furent plus difficiles à pratiquer pour lui que les vertus plus
hautes, lesquelles exigeaient une surveillance moins

(1) Il est daté du dimanche 1er juillet 1733.

minutieuse. Voici le livret qui était comme la con-
fession journalière de ses fautes et l'incitation à s'en
corriger :

	Dimanche	Lundi	Mardi	Mercredi	Jeudi	Vendredi	Samedi
Tempérance .							
Silence	+	+		+		+	
Ordre........	+	+	+		+	+	+
Résolution. ..			+			+	
Frugalité....			+			+	
Industrie....							
Sincérité....							
Justice......							
Modération ..							
Propreté							
Tranquillité .							
Chasteté							
Humilité. ...							

Ce jeune sage, qui disait avec Cicéron que la philosophie était le guide de la vie, la maîtresse des
vertus, l'ennemie des vices, élevait jusqu'à Dieu la
philosophie, à l'aide de laquelle il agrandissait son
intelligence, il épurait son âme, il réglait sa conduite, il se confessait et se corrigeait de ses imper-
fections. Il rapportait tout au Créateur des êtres, à
l'Ordonnateur des choses, comme à la source du bien
et de la vérité, et il invoquait son assistance par la
prière suivante :

« O bonté toute-puissante ! père miséricordieux !
guide indulgent ! augmente en moi cette sagesse
qui peut découvrir mes véritables intérêts ! Affermis-
moi dans la résolution d'en suivre les conseils, et
reçois les services que je puis rendre à tes autres

enfants, comme la seule marque de reconnaissance
qu'il me soit possible de te donner pour les faveurs
que tu m'accordes sans cesse ! »

La gymnastique morale que suivit Franklin pendant un assez grand nombre d'années, et que se-
condèrent sa bonne nature et sa forte volonté, lui
furent singulièrement utiles. Nul n'entendit aussi
bien que lui l'art de se perfectionner. Il était sobre,
il devint tempérant ; il était laborieux, il devint in-
fatigable ; il était bienveillant, il devint juste ; il était
intelligent, il devint savant. Depuis lors il se montra
toujours sensé, véridique, discret ; il n'entreprit rien
avant d'y avoir fortement pensé, et n'hésita jamais
dans ce qu'il avait à faire. Sa fougue naturelle se
changea en patience calculée ; il réduisit sa causticité
piquante en une gaieté agréable qui se porta sur les
choses et n'offensa point les personnes. Ce qu'il y
avait de ruse dans son caractère se contint dans les
bornes d'une utile sagacité. Il pénétra les hommes
et ne les trompa point ; il parvint à les servir, en em-
pêchant qu'ils pussent lui nuire. Il se proposait de
donner à ces préceptes de conduite un commen-
taire qu'il aurait appelé l'*Art de la vertu ;* mais il ne
le fit point. Ses affaires commerciales, qui prirent
un développement considérable, et les affaires publiques, qui l'absorbèrent ensuite pendant cinquante
ans, ne lui permirent pas de composer cet ouvrage, où
il aurait démontré que ceux qui voulaient être heureux, même dans ce monde, étaient intéressés à être
vertueux. Il s'affermit toujours davantage dans cette
opinion, et, vers la fin de sa vie, il avait coutume de

dire que la morale est le seul calcul raisonnable pour
le bonheur particulier, comme le seul garant du bonheur public. « Si les coquins, ajoutait-il, savaient
tous les avantages de la vertu, ils deviendraient honnêtes gens par coquinerie. »

Mais la méthode qu'il a laissée et l'expérience
qu'il en a faite suffisent à ceux qui seraient tentés de
l'imiter. Ils s'en trouveraient aussi bien qu'il s'est
trouvé bien lui-même d'imiter Socrate, avec lequel
il avait quelques ressemblances de nature. Il faut
toujours se proposer de grand modèles pour avoir
de hautes émulations. A sa gymnastique morale on
pourrait joindre ce qu'il appelait son *algèbre morale*,
qui servait à éclairer ses actions, comme l'*Art de
la vertu* à les régler. Voici en quoi consistait cette
algèbre. Toutes les fois qu'il y avait une affaire importante ou difficile, il ne prenait ses résolutions
qu'après un très-mûr examen durant plusieurs jours
de réflexion. Il cherchait les raisons *pour* et les raisons *contre*. Il les écrivait sur un papier à deux colonnes, en face les unes des autres. De même que
dans les deux termes d'une équation algébrique on
élimine les quantités qui s'annulent, il effaçait dans
ses colonnes les raisons contraires qui se balan-
çaient, soit qu'une raison *pour* valût une, deux ou
trois raisons *contre*, soit qu'une raison *contre* valût
plusieurs raisons *pour*. Après avoir écarté celles qui
s'annulaient en s'égalant, il réfléchissait quelques
jours encore pour chercher s'il ne se présenterait
point à lui quelque aperçu nouveau, et il prenait ensuite son parti résolûment, d'après le nom-

bre et la qualité des raisons qui restaient sur son
tableau. Cette méthode, excellente pour étudier une
question sous toutes ses faces, rendait la légèreté de
l'esprit impossible, et l'erreur de la conduite impro-
bable.

Franklin puisa, comme nous allons le voir, dans
l'éducation intelligente et vertueuse qu'il se donna
à lui-même d'après un plan qui n'arriva pas tout de
suite à sa perfection, la prospérité de son industrie,
l'opulence de sa maison, la vigueur de son bon
sens, la pureté de sa renommée, la grandeur de ses
services. Aussi, quelques années avant de mourir,
écrivait-il pour l'usage de ses descendants : *Qu'un
de leurs ancêtres, aidé de la grâce de Dieu, avait dû
à ce qu'il appelait* CE PETIT EXPÉDIENT *le bonheur constant de toute sa vie, jusqu'à sa soixante et dix-neu-
vième année.* — « Les revers qui peuvent encore lui
arriver, ajoutait-il, sont dans les mains de la Providence ; mais s'il en éprouve, la réflexion sur le passé
devra lui donner la force de les supporter avec plus
de résignation. Il attribue à la *tempérance* la santé
dont il a si longtemps joui, et ce qui lui reste encore
d'une bonne constitution ; à l'*industrie* et à la *frugalité*, l'aisance qu'il a acquise d'assez bonne heure,
et la fortune dont elle a été suivie, comme aussi les
connaissances qui l'ont mis en état d'être un citoyen
utile, et d'obtenir un certain degré de réputation
parmi les hommes instruits ; à la *sincérité* et à la *justice*, la confiance de son pays et les emplois honorables
dont il a été chargé ; enfin, à l'influence réunie de
toutes les vertus, même dans l'état d'imperfection

où il a pu les acquérir, cette égalité de caractère et cet enjouement de conversation qui font encore rechercher sa compagnie, et qui la rendent encore agréable aux jeunes gens. »

Montrons maintenant l'application qu'il fit de sa méthode à sa vie, et voyons-en les mérites par les effets.

CHAPITRE V

Moyens qu'emploie Franklin pour s'enrichir. — Son imprimerie. —
Son journal. — Son Almanach populaire et sa *Science du bonhomme
Richard*. — Son mariage, la réparation de ses fautes. — Age
auquel, se trouvant assez riche, il quitte les affaires commerciales
pour les travaux de la science et pour les affaires publiques.

Franklin était retourné de Londres à Philadelphie
le 11 octobre 1726. Il fit un moment le commerce
avec un marchand assez riche et fort habile, qui,
l'ayant remarqué à Londres pour son intelligence,
son application, son honnêteté, l'avait pris en amitié et voulait se l'associer. Ce marchand, qui se
nommait Denham, lui donna d'abord cinquante livres
sterling par an, et devait l'envoyer, avec une
cargaison de pain et de farines, dans les Indes oc-
cidentales. Mais une maladie l'emporta, et Franklin
rentra comme ouvrier chez l'imprimeur Keimer.
Celui-ci le paya d'abord fort bien pour qu'il instrui-
sît trois apprentis, auxquels il était incapable de rien
apprendre lui-même; et, lorsqu'il les crut en état de
se passer de leçons, il le querella sans motif et l'o-
bligea à sortir de chez lui. Ce procédé était entaché
d'ingratitude en même temps que d'injustice. Franklin avait adroitement suppléé aux caractères qui
manquaient à l'imprimerie de Keimer. On n'en fondait pas encore dans les colonies anglaises. Se ser-

vant de ceux qui étaient chez Keimer comme de poin-
çons, Franklin avait fait des moules et y avait coulé
du plomb. A l'aide de ces matrices imitées, il avait
complété généreusement l'imprimerie de Keimer,
lequel ne tarda point à se repentir de s'être privé
de son utile coopération. Franklin n'était pas seulement très-bon compositeur et fondeur ingénieux, il
pouvait être habile graveur.

Or il arriva que la colonie de New-Jersey chargea Keimer d'imprimer pour elle un papier-monnaie. Il fallait dessiner une planche, et la graver
après y avoir tracé des caractères et des vignettes
qui en rendissent la contrefaçon impossible ; personne autre que Franklin ne pouvait faire cet ouvrage compliqué et délicat. Keimer le supplia de
revenir chez lui, en lui disant que d'anciens amis
ne devaient pas se séparer pour quelques mots
qui n'étaient l'effet que d'un moment de colère.
Franklin ne se laissa pas plus tromper par ses
avances qu'il ne s'était mépris sur ses emporte-
ments. Il savait que l'intérêt dictait les unes comme
il avait suggéré les autres. Il s'était déjà entendu
avec un des apprentis de Keimer, nommé Hugues
Mérédith, dont l'engagement expirait dans quelques
mois, et qui lui avait proposé de monter alors en
commun une imprimerie, pour laquelle lui fourni-
rait ses fonds et Franklin son savoir-faire. La proposition avait été acceptée, et le père de Mérédith
avait commandé à Londres tout ce qui était nécessaire pour l'établissement de son fils et de son
associé.

En attendant que Mérédith devînt libre, et que la presse et les caractères achetés en Angleterre arrivassent, Franklin ne refusa point l'offre de Keimer. Il grava une planche en cuivre, avec des ornements qu'on admira d'autant plus qu'elle était la première qu'on eût vue en ce pays. Il alla l'exécuter à Burlington, sous les yeux des hommes les plus distingués de la province, chargés de surveiller le tirage des billets et de retirer ensuite la planche. Keimer reçut une somme assez forte ; et Franklin, dont on loua beaucoup l'habileté, gagna, par la politesse de ses manières, l'étendue de ses connaissances, l'agrément de ses entretiens, la sûreté de ses jugements, l'estime et l'amitié des membres de l'assemblée du New-Jersey, avec lesquels il passa trois mois. L'un d'eux, vieillard expérimenté et pénétrant, l'inspecteur général de la province, Isaac Detow, lui dit : « Je prévois que vous ne tarderez pas à succéder à toutes les affaires de Keimer, et que vous ferez votre fortune à Philadelphie dans ce métier. »

Il ne se trompait point. La modeste imprimerie de Franklin fut montée en 1728 ; elle n'avait qu'une seule presse. Franklin s'établit avec son associé Mérédith dans une maison qu'il loua près du marché de Philadelphie, moyennant vingt-quatre livres sterling (cinq cent soixante-seize francs), et dont il sous-loua une portion à un vitrier nommé Thomas Godfrey, chez lequel il se mit en pension pour sa nourriture. Il fallait gagner les intérêts de la somme de deux cents livres sterling (quatre mille huit cents

francs) consacrée à l'achat du matériel de l'imprimerie, le prix du loyer, et les frais d'entretien pour
Mérédith et pour lui, avant d'avoir le moindre bénéfice. Cela paraissait d'autant moins présumable,
qu'il y avait deux imprimeurs dans la ville : Bradford, chargé de l'impression des lois et des actes de
l'assemblée de Pensylvanie, et Keimer. Plus de constance dans le travail et plus de mérite dans l'œuvre
pouvaient seuls lui donner la supériorité sur ses
concurrents ; il le sentit, et ne négligea rien de ce
qui devait établir sous ce double rapport sa bonne
renommée. Il était à l'ouvrage avant le jour, et souvent il ne l'avait pas encore quitté à onze heures du
soir. Il ne terminait jamais sa journée sans avoir
achevé toute sa tâche et mis toutes ses affaires en
ordre. Ses vêtements étaient toujours simples. Il
allait acheter lui-même dans les magasins le papier
qui lui était nécessaire et qu'il transportait à son
imprimerie sur une brouette à travers les rues. On
ne le voyait jamais dans les lieux de réunion des
oisifs ; il ne se permettait ni partie de pêche, ni
partie de chasse. Ses seules distractions étaient ses
livres ; et encore ne s'y livrait-il qu'en particulier,
et lorsque son travail était fini. Il payait régulièrement ce qu'il prenait, et fut bientôt généralement
regardé comme un jeune homme laborieux, honnête, habile, exécutant bien ce dont il était chargé,
fidèle aux engagements qu'il contractait, digne de
l'intérêt et de la confiance de tout le monde.

Son association avec Mérédith ne dura point.
Élevé dans les travaux de la campagne jusqu'à l'âge

de trente ans, Mérédith se pliait difficilement aux
exigences d'un métier qu'il avait appris trop tard. Il
n'était ni un bon ouvrier, ni un ouvrier assidu. Le
goût de la boisson entretenait son penchant à la paresse. Il sentit que la vie aventureuse des pionniers
dans les terres de l'Ouest lui conviendrait mieux
que la vie régulière des artisans dans les villes. Il
offrit à Franklin de lui céder ses droits, s'il consen-
tait à rembourser son père des cent livres sterling
qu'il avait dépensées, à acquitter cent livres qui
restaient encore dues au marchand de Londres, à
lui remettre à lui-même trente livres (sept cent
vingt francs), enfin à payer ses dettes, et à lui donner une selle neuve. Le contrat fut conclu à ces conditions. Mérédith partit pour la Caroline du Sud, et
Franklin resta seul à la tête de l'imprimerie.

Il la fit prospérer. L'exactitude qu'il mit dans son
travail et la beauté de ses impressions lui valurent
bientôt la préférence du gouvernement colonial et
des particuliers sur Bradford et sur Keimer. L'assemblée de la province retira au premier la publica-
tion de ses billets et de ses actes pour la donner à
Franklin; et le second, perdant tout crédit comme
tout ouvrage, se transporta de Philadelphie aux
Barbades. Franklin obtint l'impression du papier-
monnaie de la Pensylvanie, qui avait été de quinze
mille livres sterling (trois cent soixante mille francs)
en 1723, et qui fut de cinquante-cinq mille (un million trois cent mille francs) en 1730. Le gouvernement de New-Castle lui accorda bientôt aussi
l'impression de ses billets, de ses votes et de ses lois.

Les premiers succès en amènent toujours d'autres. L'industrie de Franklin s'étendit avec sa prospérité. Au commerce de l'imprimerie il ajouta successivement la fondation d'un journal, l'établissement d'une papeterie, la rédaction d'un almanach. Ces entreprises furent aussi avantageuses à l'Amérique septentrionale que lucratives pour lui. Les colonies n'avaient ni journaux, ni almanachs, ni papeteries à elles. Avant Franklin, on y réimprimait les gazettes d'Europe comme elles y étaient envoyées, on y tirait tout le papier de la métropole, et on y répandait ces almanachs insignifiants ou trompeurs qui n'apprenaient rien au peuple, ou qui entretenaient en lui une superstitieuse ignorance.

Franklin fut le premier qui, dans le journal de son frère à Boston, et dans le sien à Philadelphie, discuta les matières les plus intéressantes pour son temps et pour son pays. Il le fit servir à l'éducation politique et à l'enseignement moral de ses compatriotes, dont il développa l'esprit de liberté par le contrôle discret, mais judicieux, de tous les actes du gouvernement colonial, et auxquels il prouva, sous toutes les formes, que les hommes vicieux ne peuvent être des hommes de bon sens. Il devint ainsi l'un de leurs principaux instituteurs avant d'être l'un de leurs plus glorieux libérateurs.

Son almanach, qu'il commença à publier en 1732, sous le nom de *Richard Saunders*, et qui est resté célèbre sous celui du *Bonhomme Richard*, fut pour le peuple ce que son journal fut pour les classes éclairées. Il devint pendant vingt-cinq ans un bréviaire de morale simple, de savoir utile, d'hygiène pratique à l'usage des habitants de la campagne. Franklin y donna, avec une clarté saisissante, toutes les indications propres à améliorer la culture de la terre, l'éducation des bestiaux, l'industrie et la santé des hommes, et il y recommanda, sous les forme; de la sagesse populaire, les règles les plus capables de procurer le bonheur par la bonne conduite.

Il résuma dans la *Science du Bonhomme Richard*, ou le *Chemin de la fortune*, cette suite de maximes dictées par le bon sens le plus délicat et l'honnêteté la plus intelligente. C'est l'enseignement même du travail, de la vigilance, de l'économie, de la prudence, de la sobriété, de la droiture. Il les conseille par des raisons simples et profondes, avec des mots justes et fins. La morale y est prêchée au nom de l'intérêt, et la vérité économique s'y exprime en sentences si heureuses, qu'elles sont devenues des proverbes immortels. Voici quelques-uns de ces proverbes, agréables à lire, utiles à suivre :

« L'oisiveté ressemble à la rouille, elle use beaucoup plus que le travail : la clef dont on se sert est toujours claire.

« Ne prodiguez pas le temps, car c'est l'étoffe dont la vie est faite.

« La paresse va si lentement, que la pauvreté l'atteint bientôt.

« Le plaisir court après ceux qui le fuient.

« Il en coûte plus cher pour entretenir un vice que pour élever deux enfants.

« C'est une folie d'employer son argent à acheter un repentir.

« L'orgueil est un mendiant qui crie aussi haut que le besoin, et qui est bien plus insatiable.

« L'orgueil déjeune avec l'abondance, dîne avec la pauvreté, et soupe avec la honte.

« Il est difficile qu'un sac vide se tienne debout.

« On peut donner un bon avis, mais non pas la bonne conduite.

« Celui qui ne sait pas être conseillé ne peut pas être secouru.

« Si vous ne voulez pas écouter la raison, elle ne manquera pas de se faire sentir.

« L'expérience tient une école où les leçons coûtent cher; mais c'est la seule où les insensés puissent s'instruire. »

Cet almanach, dont près de dix mille exemplaires se vendaient tous les ans, eut un grand succès et une non moins grande influence. Franklin le fit servir de plus à doter son pays d'une nouvelle industrie : il l'échangea pour du chiffon qu'on perdait auparavant, et avec lequel il fabriqua du papier. Sa papeterie fournit les marchands de Boston, de Philadelphie et d'autres villes d'Amérique, et bientôt, à son imitation, on fonda cinq ou six papeteries en Amérique. Il apprit ainsi à ses compatriotes à se passer du papier de la métropole, comme de ses journaux, de ses almanachs, et bientôt de son administration.

Grâce à lui, les imprimeries se multiplièrent éga-

lement dans les colonies. Il forma d'excellents ouvriers, qu'il envoya avec des presses et des caractères dans les diverses villes qui n'avaient point
d'imprimeurs, et qui sentaient le besoin d'en avoir.
Il formait avec eux, pendant six ans, une société
dans laquelle il se réservait un tiers des bénéfices.
Son imprimerie fut ainsi le berceau de plusieurs
autres, et sa confiance généreuse se trouva toujours
si bien placée, qu'elle ne l'exposa jamais à un regret
ni à un mécompte.

Le produit de plus en plus abondant de ces diverses industries lui procura d'abord l'aisance, puis
la richesse. Il n'avait pas attendu ce moment pour
corriger ses anciens *errata*. Il avait restitué à Vernon la somme qu'il lui devait, en joignant les intérêts au capital. Il s'était cordialement réconcilié
avec son frère James. Le tort qu'il lui avait fait au-
trefois, il le répara envers son fils, en formant
celui-ci à l'état d'imprimeur, et en lui donnant ensuite toute une collection de caractères neufs. Ces
réparations soulagèrent sa conscience, mais il y en
eut une qui contenta son cœur. Il épousa, en 1730,
miss Read, qu'à son retour de Londres, en 1726,
il avait trouvée mariée et malheureuse. Sa mère
l'avait unie à un potier nommé Rogers, rempli
de paresse et de vices, dissipé, ivrogne, brutal,
et qu'on sut depuis être déjà marié ailleurs. Le premier mariage rendait le second nul ; et Rogers,
disparaissant de Philadelphie, où il était perdu de
dettes et de réputation, abandonna la jeune femme
qu'il avait trompée. Franklin, touché du malheur

de miss Read, qu'il attribuait à sa propre légèreté, et cédant à son ancienne inclination pour elle, lui offrit sa main, qu'elle accepta avec un joyeux empressement.

« Elle fut pour moi, dit-il, une tendre et fidèle compagne, et m'aida beaucoup dans le travail de la boutique ; nous n'eûmes tous deux qu'un même but, et nous tâchâmes de nous rendre mutuellement heureux. » Ils le furent l'un par l'autre pendant plus de cinquante ans. Laborieuse, économe, honnête, la femme eut des goûts qui s'accordèrent parfaitement avec les résolutions du mari. Elle pliait et cousait les brochures, arrangeait les objets en vente, achetait les vieux chiffons pour faire du papier, surveillait les domestiques, qui étaient aussi diligents que leurs maîtres, pourvoyait aux besoins d'une table simple, pendant que Franklin, le premier levé dans sa rue, ouvrait sa boutique, travaillait en veste et en bonnet, brouettait, emballait lui-même ses marchandises, et donnait à tous l'exemple de la vigilance et de la modestie. Il était alors si sobre et si économe, qu'il déjeunait avec du lait sans thé, pris dans une écuelle de terre de deux sous avec une cuiller d'étain. Un matin pourtant, sa femme lui apporta son thé dans une tasse de porcelaine avec une cuiller d'argent. Elle en avait fait l'emplette, à son insu, pour vingt-trois schellings ; et, en les lui présentant, elle assura, pour excuser cette innovation hardie, que son mari méritait une cuiller d'argent et une tasse de porcelaine tout aussi bien qu'aucun de ses voisins. « Ce fut, dit Franklin, la première fois que la porcelaine et l'argenterie parurent dans ma maison. »

Comme la femme forte de la Bible, elle remplit dignement tous ses devoirs, et elle dirigea avec des soins intelligents la première éducation des enfants qui naquirent d'une union que la Providence ne pouvait manquer de bénir. Associée aux humbles commencements de Franklin, elle partagea ensuite son opulence, et jouit de sa grande et pure célébrité. Cet homme industrieux sans être avide, ce vrai sage, sachant entreprendre et puis s'arrêter, ne voulut pas que la richesse fût l'objet d'une recherche trop prolongée de sa part. Après avoir consacré la moitié de sa vie à l'acquérir, il se garda bien d'en perdre l'autre moitié à l'accroître. Son premier but étant atteint, il s'en proposa d'autres d'un ordre plus élevé. Cultiver son intelligence, servir sa patrie, travailler aux progrès de l'humanité, tels furent les beaux desseins qu'il conçut et qu'il exécuta. A quarante-deux ans, il se regarda comme suffisamment riche. Cédant alors son imprimerie et son commerce à David Halle, qui avait travaillé quelque temps avec lui, et qui lui conserva pendant dix-huit ans une part dans les bénéfices, il se livra aux travaux et aux actes qui devaient faire de lui un savant inventif, un patriote glorieux, et le placer parmi les grands hommes.

CHAPITRE VI

Établissements d'utilité publique et d'instruction fondés par Franklin.
— Influence qu'ils ont sur la civilisation matérielle et morale
de l'Amérique. — Ses inventions et ses découvertes comme savant.
— Grandeur de ses bienfaits et de sa renommée.

Dès la fin de 1727, Franklin avait fondé, fort
obscurément encore, un *club* philosophique à Philadelphie. Ce club, qui s'appela la *junte*, et dont il
rédigea les statuts, était composé des gens instruits
de sa connaissance. La plupart étaient des ouvriers
comme lui : le vitrier Thomas Godfrey, qui était
habile mathématicien ; le cordonnier William Par-
sons, qui était versé dans les sciences et devint
inspecteur général de la province ; le menuisier
William Maugridje, très-fort mécanicien ; l'arpenteur Nicolas Scull, des compositeurs d'imprimerie
et de jeunes commis négociants qui occupèrent plus
tard des emplois élevés dans la colonie, en faisaient
partie. Cette réunion se tint tous les dimanches,
d'abord dans une taverne, puis dans une chambre
louée. Chaque membre était obligé d'y proposer à son
tour des questions sur quelque point de morale, de
politique ou de philosophie naturelle, qui devenait
le sujet d'une discussion en règle. Ces questions
étaient lues huit jours avant qu'on les discutât, afin
que chacun y réfléchît et se préparât à les traiter.
Après avoir employé toute la semaine au travail,

Franklin allait passer là son jour de repos, dans des
entretiens élevés, dans des lectures instructives, dans
des discussions fortifiantes, avec des hommes éclai-
rés et honnêtes. « C'était, d'après lui, la meilleure
école de philosophie, de morale et de politique qui
existât dans la province. »

La *Société philosophique* de Philadelphie prit en
quelque sorte naissance dans ce club, où ne péné-
trèrent que des pensées bienveillantes et des sentiments généreux. Beaucoup de personnes désirant
en faire partie, il fut permis à chaque membre, sur
la proposition de Franklin, d'instituer un autre club
de la même nature, qui serait affilié à la *junte*. Les
clubs secondaires qui se formèrent ainsi furent des
moyens puissants pour propager des idées utiles.
Franklin s'y prépara un parti, qu'il dirigea d'autant
mieux que ce parti s'en doutait moins, et qu'en
suivant de sages avis il croyait n'obéir qu'à ses propres déterminations.

Franklin aimait à conduire les autres. Il y était
propre. Son esprit actif, ardent, fécond, judicieux,
son caractère énergique et résolu, l'appelaient à
prendre sur eux un ascendant naturel. Mais cet ascendant, qu'il acquit de bonne heure, il ne l'exerça
pas toujours de la même façon. Lorsqu'il était enfant, il commandait aux enfants de son âge, qui le
reconnaissaient sans peine pour le directeur de leurs
jeux et l'acceptaient pour chef dans leurs petites
entreprises. Durant sa jeunesse, il était dominateur,
dogmatique, tranchant. Il faisait en quelque sorte
violence aux autres par la supériorité un peu arro-

gante de son argumentation : il entraînait en démontrant. Mais il s'aperçut bientôt que cette méthode orgueilleuse, si elle soumettait les esprits, indisposait les amours-propres. Frappé de la méthode ingénieuse qu'avait employée Socrate pour conduire ses adversaires, au moyen de questions en apparence naïves et au fond adroites, à travers des détours dont il connaissait et dont eux ignoraient l'issue, à reconnaître la vérité incontestable de ses idées par l'évidente absurdité des leurs, il l'adopta avec un grand succès. Il allait ainsi interrogeant et confondant tout le monde. Mais si le procédé socratique, dans lequel il excellait, lui ménageait des triomphes, il lui laissait des ennemis. Les hommes n'aiment pas qu'on leur prouve trop leurs erreurs; Franklin le comprit : il devint moins argumentateur et plus persuasif. Il conserva le même besoin de faire accepter les idées qu'il croyait vraies et bonnes, mais il s'y prit mieux. Il mit dans ses intérêts l'amour-propre ainsi que la raison de ceux auxquels il s'adressait, et il ne se servit plus vis-à-vis d'eux que des formules modestes et insinuantes : *Il me semble que, J'imagine, Si je ne me trompe*, etc. Les projets véritablement utiles qu'il conçut, il ne les présenta point comme étant de lui ; il les attribua à des amis dont il ne donnait pas le nom ; et, tandis que les avantages devaient en être recueillis par tous, le mérite n'en revenait à personne : ce qui s'accommodait à la faiblesse humaine et désarmait l'envie. Aussi vit-il depuis lors toutes ses propositions adoptées.

Il fit usage, pour la première fois, de cet adroit moyen, lorsqu'il voulut fonder une bibliothèque par souscription. Il y avait peu de livres à Philadelphie ; Franklin proposa, *au nom de plusieurs personnes qui aimaient la lecture*, d'en acheter en Angleterre aux frais d'une association dont chaque membre payerait d'abord quarante schellings (quarante-huit francs), ensuite dix schellings par an pendant cinquante ans. Grâce à cet artifice, son projet ne rencontra aucune objection. Il se procura cinquante, puis cent souscripteurs, et la bibliothèque fut bientôt établie. Elle répandit le goût de la lecture, et l'exemple de Philadelphie fut imité par les villes principales des autres colonies.

« Notre bibliothèque par souscription, dit Franklin, fut ainsi la mère de toutes celles qui existent dans l'Amérique septentrionale, et qui sont aujourd'hui si nombreuses. Ces établissements sont devenus considérables, et vont toujours en augmentant ; ils ont contribué à rendre généralement la conversation plus instructive, à répandre parmi les marchands et les fermiers autant de lumières qu'on en trouve ordinairement dans les autres pays parmi les gens qui ont reçu une bonne éducation, et peut-être même à la vigoureuse résistance que toutes les colonies américaines ont apportée aux attaques dirigées contre leurs priviléges. »

Cet établissement ne fut pas le seul que l'Amérique dut à Franklin : il proposa avec le même art, et fit adopter par l'influence de la *junte*, la fondation d'une Académie pour l'éducation de la jeunesse de

Pensylvanie. La souscription qu'il provoqua produisit cinq mille livres sterling (cent vingt mille francs). On désigna alors les professeurs, et on ouvrit les écoles dans un grand édifice qui avait été destiné aux prédicateurs ambulants de toutes les sectes, et qui fut adapté par Franklin à l'usage de la nouvelle Académie. Il en rédigea lui-même les règlements, et une charte l'organisa en corporation. Son fondateur principal l'administra pendant quarante années, et il eut le bonheur d'en voir sortir des jeunes gens qui se distinguèrent par leurs talents et devinrent l'ornement de leur pays.

Sans bibliothèque et sans collége avant Franklin, Philadelphie était aussi sans hôpital ; il n'y avait aucun moyen d'y prévenir ou d'y éteindre les incendies, et la police de nuit était négligemment faite par des constables. Ses rues n'étaient point pavées, et le manque d'éclairage les laissait le soir dans une obscurité dangereuse. Dans les saisons pluvieuses, elles ne formaient qu'un bourbier où l'on s'enfonçait pendant le jour, et où l'on n'osait pas s'engager durant la nuit. Franklin les fit paver et éclairer à l'aide de souscriptions, auxquelles il eut recours aussi pour la fondation d'un hôpital. Il fit établir, pour veiller à la sûreté commune, une garde soldée, que chacun paya en proportion des intérêts qu'il avait à défendre, et il organisa une compagnie de l'*Union* contre les incendies, devenus depuis lors beaucoup moins fréquents. Il forma également des associations et des tontines pour les ouvriers, et il essaya divers plans de secours pour les infirmes et les vieillards.

Son génie inventif, tourné vers le bien-être des hommes, ne chercha pas avec moins de succès à pénétrer les secrets de la nature ; il l'avait fortifié en le cultivant. Il avait appris tout seul le français, l'italien, l'espagnol, le latin, et il lisait les grands ouvrages écrits dans ces langues tout comme ceux qui avaient été composés dans la sienne. La vigueur de son attention et la fidélité de sa mémoire étaient telles, qu'il n'oubliait rien de ce qu'il avait intérêt à savoir et à retenir.

Il était doué surtout de l'esprit d'observation et de conclusion : observer le conduisait à découvrir, conclure à appliquer. Traversait-il l'Océan, il faisait des expériences sur la température de ses eaux, et il constatait qu'à la même latitude celle de son courant était plus élevée que celle de sa partie immobile. Il donnait par là aux marins un moyen facile de connaître s'ils se trouvaient sur le passage même de cet obscur courant de la mer, afin d'y rester ou d'en sortir, suivant qu'il hâtait ou contrariait la marche de leurs navires. Entendait-il des sons produits par des verres mis en vibration, il remarquait que ces sons différaient selon la masse du verre et selon le rapport de celle-ci à sa capacité, à son évasement et à son contenu. De toutes ces remarques, il résultait un instrument de musique, et Franklin inventait l'*harmonica*. Examinait-il la perte de chaleur qui se faisait par l'ouverture des cheminées et l'accumulation étouffante qu'en produisait un poêle fermé, il tirait de ce double examen, en combinant ensemble ces deux moyens de chauffage, une che-

minée qui était économique comme un poêle, et un
poêle qui était ouvert comme une cheminée. Ce
poêle en forme de cheminée fut généralement adopté,
et Franklin refusa une patente pour le vendre exclu-
sivement. « Comme nous retirons, dit-il, de grands
avantages des inventions des autres, nous devons être
charmés de trouver l'occasion de leur être utiles par
les nôtres, et nous devons le faire avec générosité. »

Mais une importante et glorieuse découverte fut
celle de la nature de la foudre et des lois de l'électricité. Il était réservé à la science du dix-huitième
siècle de connaître surtout les principes et les com-
binaisons des corps, comme la science du dix-
septième avait eu la gloire de constater les règles
mathématiques de leur pesanteur et de leurs mouvements. Si l'un de ces grands siècles avait pénétré
jusqu'aux profondeurs de l'espace pour y découvrir
la forme elliptique des astres, y mesurer leur grandeur, y calculer leur marche, y assigner la force
respective de leurs attractions, l'autre, non moins
sagace et non moins fécond, était destiné, par le
développement naturel de l'esprit humain, à porter
ses observations sur notre globe, sur la matière qui
le compose, l'atmosphère qui l'entoure, les fluides
mystérieux qui l'agitent, les êtres variés qui l'ani-
ment. A la fondation véritable de l'astronomie devait
succéder celle de la physique, de la chimie, de l'histoire naturelle positives ; à Galilée, à Keppler, à
Huyghens, à Newton, à Leibnitz, devaient succéder
Franklin, Priestley, Lavoisier, Berthollet, Laplace,
Volta, Linné, Buffon et Cuvier.

Le fluide électrique était appelé non-seulement à être une de ses plus belles découvertes, mais un de ses plus puissants moyens d'en opérer d'autres; car, rendu maniable, il devenait un instrument incomparable de décomposition. Sans se douter que la force attractive qui se trouvait dans l'ambre (ἤλεκτρον des anciens, d'où lui est venu le nom d'*électricité*) et dans certains corps était la même que cette force terrible qui tombait du ciel avec fracas au milieu des orages, on l'étudiait avec soin depuis le commencement du siècle. Hawksbée l'avait soumise, vers 1709, à quelques expériences. Gray et Welher, en 1728, avaient démontré que cette substance se communiquait d'un corps à l'autre, sans même que ces corps fussent en contact. Ils avaient remarqué qu'on pouvait tirer des étincelles d'une verge de fer suspendue en l'air par un lien en soie ou en cheveux, et que, dans l'obscurité, cette verge de fer était lumineuse à ses deux bouts.

Le docte intendant des jardins du roi de France, Dufay, avait trouvé, en 1733, que le verre produisait par son frottement une autre électricité que la résine, et il avait distingué l'électricité *vitreuse* et l'électricité *résineuse*. Désaguliers, de 1739 à 1742, avait donné le nom de *conducteur* aux tiges métalliques à travers lesquelles l'électricité passait avec une rapide facilité. Enfin, en 1742, l'appareil électrique imaginé dans le siècle précédent par Otto de Guerike, l'habile inventeur de la machine pneumatique, ayant, par des perfectionnements successifs, reçu son organisation définitive, le professeur Bose à Wit-

temberg, le professeur Winkler à Leipsick, le bé-
nédictin Gordon à Erfurt, le docteur Ludolf à Berlin, avaient, par d'assez fortes décharges, tué de
petits oiseaux et mis le feu à l'éther, à l'alcool et à
plusieurs corps combustibles.

La science en était arrivée là : elle produisait quelques curieux phénomènes dont elle ne donnait pas
de satisfaisantes explications, lorsque Franklin s'en
occupa par hasard, mais avec génie. Dans un voyage
qu'il fit à Boston en 1746, l'année même où Mus-
chenbroeck découvrit la fameuse bouteille de Leyde
et ses phénomènes bizarres, il assista à des expériences électriques imparfaitement exécutées par le
docteur Spence, qui venait d'Écosse. Peu après son
retour à Philadelphie, la bibliothèque qu'il avait fon-
dée reçut du docteur Collinson, membre de la Société royale de Londres, un tube en verre, avec des
instructions pour s'en servir. Franklin renouvela les
expériences auxquelles il avait assisté, y en ajouta
d'autres, et fabriqua lui-même avec plus de perfection les machines qui lui étaient nécessaires. Il y
ajouta la charge par cascades, qui devint la première
batterie électrique, dont les effets furent supérieurs
à ceux obtenus jusque-là. Avec sa sagacité pénétrante et inventive, il vit d'abord que les corps à
pointe avaient le pouvoir d'attirer la matière électrique ; il pensa ensuite que cette matière était un fluide
répandu dans tous les corps, mais à l'état latent ;
qu'elle s'accumulait dans certains d'entre eux où
elle était en *plus*, et abandonnait certains autres où
elle était en *moins* ; que la décharge avec étincelle

n'était pas autre chose que le rétablissement de l'é-
quilibre entre l'électricité en *plus*, qu'il appela *positive*, et l'électricité en *moins*, qu'il appela *négative*.
Cette belle conclusion le conduisit bientôt à une autre plus forte encore.

La couleur de l'étincelle électrique, son mouvement brisé lorsqu'elle s'élance vers un corps irrégu-
lier, le bruit de sa décharge ; les effets singuliers de
son action, au moyen de laquelle il fondit une lame
mince de métal entre deux plaques de verre, changea les pôles de l'aiguille aimantée, enleva toute la
dorure d'un morceau de bois sans en altérer la sur-
face ; la douleur de sa sensation, qui pour de petits
animaux allait jusqu'à la mort, lui suggérèrent la
pensée hardie qu'elle provenait de la même matière
dont l'accumulation formidable dans les nuages produisait la lumière brillante de l'éclair, la violente
détonation du tonnerre, brisait tout ce qu'elle rencontrait sur son passage lorsqu'elle descendait du
ciel pour se remettre en équilibre sur la terre. Il en
conclut l'identité de l'électricité et de la foudre. Mais
comment l'établir ? Sans démonstration, une vérité
reste une hypothèse dans les sciences, et les découvertes n'appartiennent pas à ceux qui affirment, mais
à ceux qui prouvent.

Franklin se proposa donc de vérifier l'exactitude
de sa théorie en tirant l'éclair des nuages. Le premier moyen qu'il conçut fut d'élever jusqu'au milieu
d'eux des verges de fer pointues qui l'attireraient. Ce
moyen ne lui semblant point praticable parce qu'il
ne trouva point de lieu assez haut, il en imagina un

autre. Il construisit un cerf-volant formé par deux
bâtons revêtus d'un mouchoir de soie. Il arma le
bâton longitudinal d'une pointe de fer à son extrémité la plus élevée. Il attacha au cerf-volant une
corde en chanvre, terminée par un cordon en soie.
Au point de jonction du chanvre, qui était conducteur de l'électricité, et du cordon en soie qui ne
l'était pas, il mit une clef, où l'électricité devait
s'accumuler, et annoncer sa présence par des étincelles. Son appareil ainsi disposé, Franklin se rend
dans une prairie un jour d'orage. Le cerf-volant est
lancé dans les airs par son fils, qui le retient par le
cordon de soie, tandis que lui-même, placé à quelque distance, l'observe avec anxiété. Pendant quelque temps il n'aperçoit rien, et il craint de s'être
trompé. Mais tout d'un coup les fils de la corde se
roidissent, et la clef se charge. C'est l'électricité qui
descend. Il court au cerf-volant, présente son doigt
à la clef, reçoit une étincelle, et ressent une forte
commotion qui aurait pu le tuer, et qui le transporte
de joie. Sa conjecture se change en certitude, et l'i-
dentité de la matière électrique et de la foudre est
prouvée.

Cette vérification hardie, cette découverte im-
mortelle qui devait le placer au premier rang dans
la science, fut faite en juin 1752. Ses autres découvertes sur l'électricité dataient de 1747. Il avait
expliqué alors la décharge électrique de la bouteille
de Leyde par le rétablissement de l'équilibre entre
l'électricité diverse qui réside dans ses deux parties;
les différences de l'électricité *vitreuse* et *résineuse*,

par les lois de l'électricité *positive* et de l'électricité *négative*. Dans ce moment, il expliqua la foudre par l'électricité elle-même. Il conjectura aussi que l'éclat mystérieux des aurores boréales provenait de décharges électriques opérées dans les régions élevées de l'atmosphère, où l'air, devenu moins dense, donnait à l'électricité une extension plus lumineuse.

De même que l'observation le menait ordinairement à une théorie, la théorie était toujours suivie pour lui d'une application utile. Il aimait à acquérir le savoir, mais encore plus à le faire servir aux progrès et au bien-être du genre humain. Il constata que des tiges de fer pointues, s'élevant dans l'air et s'enfonçant à quelques pieds dans la terre humide ou dans l'eau, avaient la propriété ou de repousser les corps chargés d'électricité, ou de donner silencieusement et imperceptiblement passage au feu de ces corps, ou encore de recevoir ce feu sans l'abandonner, s'il se précipitait sur elles par une décharge instantanée, et de le conduire jusqu'à sa grande masse terrestre sans qu'il fît aucun mal. Il conseilla dès lors de mettre à l'abri de l'électricité formidable des nuages les monuments publics, les maisons, les vaisseaux, au moyen de ces pointes salutaires qui les préservaient des atteintes ou des effets de la foudre. Non-seulement il détermina le mode d'action de ces pointes, mais il circonscrivit l'étendue circulaire de leur influence. A la grande découverte de l'électricité céleste il ajouta le bienfait rassurant des paratonnerres. L'Amérique et l'Angleterre les adoptèrent et s'en couvrirent. L'orageuse atmosphère fut désarmée de ses périls, et ceux-là seuls restèrent exposés aux coups de la foudre que l'ignorance ou le préjugé détourna de s'en garantir.

La renommée de Franklin se répandit bientôt, avec sa théorie, dans le monde entier. Une incrédulité négligente et presque railleuse avait accueilli, dans la Société royale de Londres, ses premières assertions, que le docteur Mitchell avait communiquées à cette illustre compagnie. Le Traité et les lettres où Franklin avait raconté ses expériences et développé ses explications y avaient été lus et écartés fort dédaigneusement; mais la science triompha bientôt du préjugé, la science qui a contre le doute la démonstration, et qui élève au-dessus du dédain par la gloire. Le Traité de Franklin, que publia un membre même de la Société royale, le docteur Fothergill, fut traduit en français, en italien, en allemand. Répandu sur tout le continent, il fit une révolution. Les expériences du philosophe américain, que Dalibard avait faites à Marly-le-Roi en même temps que lui, furent répétées à Montbard par le grand naturaliste Buffon; à Saint-Germain, par le physicien Delor, devant Louis XV, qui voulut en être témoin; à Turin, par le père Beccaria; en Russie, par le professeur Richmann, qui, recevant une décharge trop forte, tomba foudroyé, et donna un martyr à la science. Partout concluantes, elles firent adopter avec admiration le système nouveau, qui fut appelé *franklinien,* du nom de son auteur.

Tout d'un coup célèbre, le sage de Philadelphie devint l'objet des empressements universels, et fut chargé d'honneurs académiques. La médaille de Godfrey Coleÿ lui fut décernée par la Société royale de Londres, qui, réparant son premier tort, le nomma l'un de ses membres, sans l'astreindre au payement de vingt-trois guinées que chacun de ceux-ci versait en y entrant. Les universités de Saint-André et d'Édimbourg en Écosse, celle d'Oxford en Angleterre, lui conférèrent le grade de docteur, qui servit depuis lors à le désigner dans le monde. L'Académie des sciences de Paris se l'associa, comme elle s'était associé Newton et Leibnitz. Les divers corps savants de l'Europe l'admirent dans leur sein. A cette gloire de la science, qu'il aurait étendue encore s'il y avait consacré son esprit et son temps, il ajouta la gloire politique. Il fut accordé à cet homme, heureux parce qu'il fut sensé, grand parce qu'il eut un génie actif et un cœur dévoué, de servir habilement et utilement sa patrie durant cinquante années, et, après avoir pris rang parmi les fondateurs immortels des vérités naturelles, de compter au nombre des libérateurs généreux des peuples.

DEUXIÈME PARTIE

CHAPITRE VII

Vie publique de Franklin. — Divers emplois dont il est investi par la confiance du gouvernement et par celle de la colonie. — Son élection à l'Assemblée législative de la Pensylvanie. — Influence qu'il y exerce. — Ses services militaires pendant la guerre avec la France. — Ses succès à Londres comme agent et défenseur de la colonie contre les prétentions des descendants de Guillaume Penn, qui en possédaient le gouvernement héréditaire.

La vie publique de Franklin avait commencé bien avant que se terminât sa vie commerciale. Il les mêla quelque temps ensemble, jusqu'à ce qu'il se consacrât tout à fait à la première en abandonnant la seconde. Dès 1736, il avait été nommé secrétaire de l'Assemblée législative de Pensylvanie. Le maître général des postes en Amérique l'avait désigné, en 1737, comme son délégué dans cette colonie. A la mort de ce fonctionnaire important, survenue en 1753, le gouvernement britannique, appréciant son habileté, l'investit de cette grande charge, qui lui offrit l'occasion de rendre les relations plus actives et la civilisation plus étendue en Amérique, de procurer à l'Angleterre un revenu postal plus considérable, et de percevoir lui-même de vastes pro-

fits. Il déboursa beaucoup d'argent pendant les
premières années pour améliorer ce service, qui
rapporta ensuite trois fois plus, et dont se ressenti-
rent utilement l'agriculture et le commerce des colonies.

La confiance qu'inspiraient son intelligente sagesse et son inaltérable justice lui valut les emplois
les plus divers. Le gouverneur le nomma juge de
paix; la corporation de la cité le choisit pour être
l'un des membres du conseil commun, et ensuite
alderman. Ses concitoyens, sans qu'il briguât leur
suffrage, l'envoyèrent à l'assemblée de la province,
et renouvelèrent d'eux-mêmes son mandat par dix
élections successives. Il avait pour maxime de ne
jamais *demander, refuser ni résigner aucune place,*
et il les remplissait toutes aussi bien que s'il n'en
avait eu qu'une seule.

Entré dans l'Assemblée de Pensylvanie, il y obtint un crédit immense. Il devint l'âme de ses délibérations, et rien ne s'y fit sans qu'il en inspirât le
projet et qu'il en dirigeât l'exécution. Il avait toujours soin de disposer les esprits à ce qu'il fallait
voter ou entreprendre par des publications courtes,
vives, concluantes, qui lui valaient l'assentiment du
public et entraînaient sa coopération. C'est ainsi
qu'il fut le conseiller permanent de la colonie pendant la paix, et même son défenseur militaire pendant les guerres qui survinrent, après 1742 et 1754,
entre la Grande-Bretagne et la France. Ces deux
guerres, dont l'une éclata au sujet de la succession
d'Autriche, et dont l'autre s'éleva à l'occasion de la

Silésie que le roi de Prusse avait depuis peu conquise, divisèrent ces deux grandes puissances, qui embrassaient toujours des partis différents, par rivalité de politique et opposition d'intérêts. Durant la première, la France ayant attaqué, de concert avec le roi de Prusse, la maison d'Autriche, l'Angleterre se déclara en faveur de l'impératrice Marie-Thérèse; durant la seconde, la France s'étant unie à Marie-Thérèse pour envahir les États du roi de Prusse, l'Angleterre devint la protectrice de Frédéric II. Les effets de leur désaccord s'étendirent du continent d'Europe à celui d'Amérique.

Il fallut mettre les colonies en état de défense. La Pensylvanie en avait particulièrement besoin; elle n'avait ni troupes ni armes. Sur la provocation de Franklin, dix mille hommes s'associèrent pour s'organiser en milice et pour acquérir des canons. On en acheta huit à Boston, on en commanda à Londres; et Franklin alla en réclamer auprès du gouverneur royal de New-York, Clinton, qui ne voulait pas en donner d'abord, et de qui il en obtint dix-huit au milieu des épanchements adroits d'un repas. Il fut aussi chargé de négocier à Carlisle un traité défensif avec les six nations indiennes qui habitaient entre le lac Ontario et les frontières des colonies anglo-américaines. Ce traité, qu'il conclut de concert avec le président Norris, délégué comme lui auprès des belliqueux sauvages de la confédération iroquoise, couvrit au delà des monts Alleghanys les colonies que les batteries de canon protégèrent sur le littoral de la mer.

Mais le danger devint plus redoutable pendant la
guerre de Sept Ans. Les Français du Canada, avec
les sauvages de leur parti, descendirent les lacs
pour attaquer les colonies anglaises du côté du continent. Celles-ci, alarmées, envoyèrent des commissaires à Albany pour aviser, avec les six nations indiennes, aux moyens de défense. Ces commissaires,
au nombre desquels était Franklin, se réunirent
en congrès la mi-juin de l'année 1754. Pour la
première fois, on conçut et on proposa des projets
d'*union* des treize colonies. Celui que présenta
Franklin fut préféré à tous les autres. Il confiait le
gouvernement de l'*Union* à un *président* nommé
par la couronne et payé par elle, et en remettait la
suprême direction à un *grand conseil* choisi par les
représentants du peuple qui composaient les diverses assemblées coloniales. Ce plan, à peu près
semblable à celui qu'adoptèrent les colonies au moment de leur émancipation, fut voté à l'unanimité
dans le congrès d'Albany.

Mais il ne se réalisa point. Le gouvernement métropolitain le trouva trop démocratique, et y vit des
dangers pour lui. Il craignit que les colonies ne de-
vinssent belliqueuses en se défendant, et qu'en apprenant à se suffire à elles-mêmes elles ne par-
vinssent à se passer de lui. Il aima donc mieux se
charger de leur défense, et il y envoya le général
Braddock avec deux régiments. Les assemblées coloniales, de leur côté, eurent peur d'accroître la préro-
gative royale en mettant à leur tête un *président* qui
dépendrait de la couronne; et elles ne voulurent

pas s'exposer à affaiblir leur existence particulière
par l'établissement d'une administration générale
qui, les représentant toutes, serait supérieure à
chacune d'elles. Cette organisation commune, qui
devait faire la force, assurer la liberté, devenir la
gloire des treize colonies changées en *États-Unis*,
ne pouvait être un acte de simple prévoyance, mais
de pressante nécessité. Elle fut ajournée de vingt
ans.

Le général Braddock débarqua en Virginie, pénétra dans le Maryland, et se disposa, après avoir
franchi les Alleghanys, à s'avancer, en longeant les
lacs, jusqu'aux frontières du Canada. Les moyens
de transport lui manquaient. L'actif et ingénieux
Franklin lui procura en quelques jours cent cinquante chariots et quinze cents chevaux de selle et
de bât qui lui étaient nécessaires. Il n'y parvint
point sans s'engager personnellement pour quatre
cent quatre-vingt mille francs envers ceux qui les
fournirent. Secondé par l'industrieux dévouement
de Franklin, le général Braddock se mit en marche
ayant à côté de lui le colonel virginien George
Washington, qui, à peine âgé de vingt-deux ans,
avait donné des signes éclatants d'une bravoure entreprenante et froide et d'une prudence forte. Au
début de la guerre, il avait surpris et mis en fuite
un détachement de Français commandé par Jumon-
ville, qui avait succombé dans cette rencontre ; il
connaissait parfaitement ce genre de guerre. Mais
le général Braddock, qui ne savait que la guerre
régulière, voulut se battre dans les ravins boisés de

l'Amérique comme il aurait pu le faire dans les plaines découvertes de l'Europe. Il marcha avec des masses compactes contre des ennemis embusqués et des Indiens épars. Après avoir franchi les gués de la Monongahela pour aller attaquer le fort Duquesne, il fut surpris, mis en déroute, et tué. Sur quatre-vingt-six officiers de sa petite armée, vingt-six restèrent sur le champ de bataille et trente-sept furent blessés. George Washington, qui eut quatre balles dans son habit et deux chevaux tués sous lui, se retira avec les débris des troupes anglaises. Le jeune arpenteur de Virginie et l'ancien garçon imprimeur de Philadelphie, qui devaient se rendre l'un et l'autre si célèbres plus tard en défendant l'indépendance des colonies contre l'Angleterre, se distinguèrent alors en protégeant la sûreté des colonies contre la France.

Après la défaite de Braddock, Franklin fit voter par l'Assemblée de Pensylvanie une taxe de cinquante mille livres sterling (un million deux cent mille francs), à ajouter aux dix mille livres sterling (deux cent quarante mille francs) qui avaient été levées auparavant, sur sa proposition. Il obtint qu'on organisât régulièrement la milice, et qu'on la formât aux manœuvres. Comme la frontière de cette colonie se trouvait particulièrement exposée aux invasions, et que les colons y étaient attaqués par les sauvages qui dévastaient leurs habitations, les tuaient et les scalpaient, Franklin fut chargé de la protéger au moyen d'une ligne de forts. Se plaçant à la tête d'une troupe d'environ cinq cents hommes armés de fusils et de haches, Franklin, qui était bon à tout, s'avança vers le nord-ouest, à l'âge de cinquante ans, dans les rigueurs du mois de janvier de l'année 1756, bivaqua au milieu des pluies et des neiges, fit le général et l'ingénieur, poursuivit les Indiens, qu'il éloigna, et éleva, dans des lieux propices et à des distances convenables, trois forts qui se soutenaient mutuellement. Dans ces forts construits avec des troncs d'arbres, entourés de fossés et de palissades, il laissa de petites garnisons sous les ordres du colonel Clapham, très-expérimenté dans la guerre contre les sauvages.

A son retour de Philadelphie, le régiment de la province le nomma son colonel. Cette nomination, qui lui avait été offerte et qu'il avait refusée dès 1742, il l'accepta en 1756 ; il passa en revue douze cents hommes bien équipés, pleins d'ardeur, enorgueillis de l'avoir pour chef. Mais le gouvernement britannique, conservant sa défiance à l'égard des colonies, cassa les bills qui y organisaient des forces permanentes, enleva les grades qui avaient été conférés, et pourvut à leur défense en y envoyant le général Loudon. Il leur demandait des taxes et non des troupes.

Cette question des taxes devint dès ce moment une source de difficultés, et mit les talents de Franklin dans un jour nouveau et éclatant. Avant de susciter le grave conflit qui divisa la Grande-Bretagne et ses colonies, elle amena une lutte très-vive entre la Pensylvanie et les héritiers de Guillaume Penn, qui étaient les *propriétaires* de cette colonie, d'après la

charte de son établissement. Penn en avait été tout
à la fois le fondateur et le gouverneur. Cédant une
partie du vaste terrain qu'il avait reçu, il avait sous-
trait le reste de ses immenses domaines à toute espèce de taxe, afin de soutenir par là les charges et
l'éclat du gouvernement colonial. Moyennant cette
exemption d'impôts, il ne devait recevoir aucune rétribution pécuniaire. Ses descendants n'étaient plus
dans la même position que lui ; ils avaient quitté la
colonie pour s'établir en Angleterre. N'ayant plus
l'administration directe de la province, mais y dé-
léguant des gouverneurs payés par elle, ils avaient
perdu le droit d'exemption de taxes accordé à leur
ancêtre sous une condition qui n'existait plus. Ils ne
persistaient pas moins à l'exiger ; et, dans les instructions qu'ils donnaient à leurs mandataires, ils
leur avaient interdit de sanctionner les bills qui
n'affranchiraient pas leurs propriétés des charges
imposées au reste de la province. Depuis quelque
temps le désaccord était devenu d'autant plus animé
à cet égard, que l'Assemblée avait voté des levées
d'argent fréquentes et considérables pour les besoins
et la défense de la colonie. Les domaines des *propriétaires* étaient tout aussi bien protégés que ceux
des colons, et il était juste qu'ils contribuassent également aux charges publiques. Néanmoins il avait
fallu employer des moyens termes suggérés par
l'adresse de Franklin, pour décider les gouverneurs
à ne pas s'y montrer contraires.

Mais enfin, en 1757, l'Assemblée ayant voté pour
le *service du roi* une somme de cent mille livres

sterling (deux millions quatre cent quarante mille francs), dont une partie devait être remise au général Loudon, le gouverneur Denny en interdit la levée, parce qu'elle devait peser aussi sur les biens des *propriétaires*. Les représentants de la Pensylvanie, indignés de cet acte d'égoïsme et d'injustice, députèrent Franklin à Londres avec une pétition au roi, pour se plaindre de ce que l'autorité du gouverneur s'exerçait au détriment des priviléges de la colonie et des intérêts de la couronne.

Arrivé en Angleterre, le délégué de la Pensylvanie y trouva l'opinion publique mal instruite et mal disposée. On avait représenté la colonie comme ingrate envers les descendants de son fondateur, et comme refusant elle-même les moyens de résister aux Français du Canada et de repousser les sauvages des hauts lacs. Avec son habileté patiente, Franklin s'occupa de faire connaître la question avant de chercher à la faire résoudre. Il écrivit des articles dans les journaux, et il publia un ouvrage concluant *sur la constitution de la Pensylvanie et les différends qui s'étaient élevés* entre les gouverneurs et l'Assemblée de la colonie. Quand il eut rendus évidents le droit de la colonie et le tort des *propriétaires;* quand il eut montré que la première avait toujours agi dans un intérêt général et juste, que les seconds avaient recherché la satisfaction d'un intérêt particulier et non fondé, il poursuivit l'affaire devant les lords du conseil, qni en étaient les juges. Les *propriétaires*, redoutant une condamnation, entrèrent en arrangement. Ils se soumirent à être taxés dans leurs biens, à condition qu'ils le seraient d'une manière modérée et équitable. Cette transaction, ménagée par Franklin, fut agréée par la colonie.

Le succès qu'avait obtenu l'habile négociateur de la Pensylvanie lui fit un grand honneur dans le reste de l'Amérique. Aussi le Maryland, le Massachussets, la Géorgie, pleins de confiance en lui, le nommèrent leur agent auprès de la métropole. Il rendit profitable à toute l'Amérique anglaise la prolongation de son séjour à Londres. Ce fut sur son conseil et d'après ses indications que le premier et le plus grand des Pitt, lord Chatham, entreprit et exécuta la conquête du Canada. Franklin lui démontra ensuite combien la conservation de cette colonie française serait utile à la sûreté des colonies de la Grande-Bretagne, qui ne pourraient plus être envahies ou inquiétées du côté de la terre ferme. Après en avoir provoqué la conquête, il en prépara la cession. Le traité du 10 février 1763, qui termina la guerre de Sept Ans, laissa le Canada à l'Angleterre. Dès ce moment les colonies anglaises furent à l'abri de tout danger sur le continent américain, et purent se développer sans obstacle vers l'ouest. Lorsque Franklin, dont le fils avait été nommé gouverneur de New-Jersey, retourna à Philadelphie dans l'été de 1762, l'Assemblée de Pensylvanie, voulant le dédommager de ses dépenses et reconnaître l'efficace intervention de son patriotisme, lui accorda une indemnité de cinq mille livres sterling (cent vingt mille francs), et lui adressa des remercîments publics, *tant*, dit-elle, *pour s'être fidèlement ac-*

quitté de ses devoirs envers la province que pour avoir rendu des services nombreux et importants à l'Amérique en général, pendant son séjour dans la Grande-Bretagne.

Après les différends de la Pensylvanie avec les descendants de son fondateur, survinrent des contestations plus graves entre toutes les colonies et la métropole. Cette fois aussi Franklin fut chargé de soutenir les droits de l'Amérique contre les prétentions de l'Angleterre.

———

CHAPITRE VIII

Seconde mission de Franklin à Londres. — Ses habiles négociations pour empêcher une rupture entre l'Angleterre et l'Amérique, au sujet des taxes imposées arbitrairement par la métropole à ses colonies. — Objet et progrès de cette grande querelle. — Rôle qu'y joue Franklin. — Sa prévoyance et sa fermeté. — Écrits qu'il publie. — Trames qu'il découvre. — Outrages auxquels il est en butte devant le conseil privé d'Angleterre. — Calme avec lequel il les reçoit, et souvenir profond qu'il en conserve.

Franklin n'avait pas combattu avec tant de persévérance et de succès les exigences des *propriétaires* de la Pensylvanie sans encourir leur inimitié. Ceux-ci, appuyés sur l'autorité du gouverneur, secondés par les partisans qu'ils conservaient encore dans la colonie, mirent tout en œuvre pour écarter leurs adversaires de l'Assemblée, lors de son renouvellement à l'automne de 1764. Ils dirigèrent particulièrement leurs efforts contre l'élection de Franklin, qu'ils parvinrent à empêcher. Après quatorze années d'un mandat toujours donné sans opposition, toujours rempli avec dévouement, Franklin fut dépossédé de son siége dans l'assemblée coloniale; mais son parti, qui y conservait la majorité, l'envoya de nouveau, comme agent de la province, auprès de la cour d'Angleterre.

La veille de son départ, il fit à ses compatriotes des adieux touchants : « Je vais, dit-il, prendre congé peut-être pour toujours du pays que je chéris, du pays dans lequel j'ai passé la plus grande partie de ma vie. Je souhaite toutes sortes de bonheur à mes ennemis. »

Il était chargé de supplier le roi de racheter des *propriétaires* le droit de gouverner la colonie. Mais un plus grand rôle l'attendait en Angleterre. « Cette seconde mission, dit le docteur William Smith, semblait avoir été préordonnée dans les conseils de la Providence; et l'on se souviendra toujours, à l'honneur de la Pensylvanie, que l'agent choisi pour soutenir et défendre les droits d'une seule province à la cour de la Grande-Bretagne, devint le champion intrépide des droits de toutes les colonies américaines, et qu'en voyant les fers qu'on travaillait à leur forger il conçut l'idée magnanime de les briser avant qu'ont pût les river. »

La querelle commença bientôt. Une taxe que le parlement d'Angleterre voulut, en 1765, étendre aux colonies, en fut le premier signal. Les Anglais jouissaient, dans toute l'étendue de l'empire britannique, des garanties politiques et civiles que leurs ancêtres avaient consacrées par la *grande charte* et par le *bill des droits*. La sûreté de leurs personnes, la liberté de leur pensée, la possession protégée de leurs biens, le vote discuté de l'impôt, le jugement par jury, l'intervention dans les affaires communes, voilà ce qu'ils tenaient de leur naissance et ce qu'ils devaient aux institutions de leur pays, si laborieusement acquises, si patiemment perfectionnées, si respectueusement maintenues. Ces garanties inviolables de leur liberté et de leur propriété, cette parti-

cipation aux lois qui devaient les régir, les colons
anglais les avaient transportées avec eux sur les rivages de l'Amérique septentrionale en s'y établissant. Ils les pratiquaient avec une fierté tranquille;
il y étaient attachés invinciblement comme à un
droit de leur sang, à une habitude de leur vie, à la
première condition de leur honneur et de leur bien-
être.

Quoique les treize colonies n'eussent pas la même
composition sociale ni la même administration politique, elles avaient toutes les institutions fonda-
mentales de l'Angleterre. Au sud et au nord de
l'Hudson, les colonies différaient entre elles par la
nature de leur population et le mode de leur culture.
Au sud de l'Hudson, la Virginie, les Carolines, la
Géorgie, avaient une organisation territoriale plus
aristocratique. Les propriétaires y possédaient de
plus vastes domaines; ils les transmettaient à leurs
fils aînés, d'après la loi de succession de la métropole; en beaucoup d'endroits, il les faisaient cultiver par des esclaves. Au nord, au contraire, l'égalité
civile la plus parfaite, fortifiée par l'indépendance
chrétienne la plus absolue, avait rendu les colonies
de Connecticut, de Rhode-Island, de Massachussets,
de New-Hampshire, etc., des États purement démocratiques. Il n'y avait ni différence dans les conditions, ni majorats dans les familles, ni travail
servile dans les campagnes; on n'y trouvait ni propriétaires puissants ni cultivateurs esclaves.

Non-seulement la composition, mais le gouvernement des colonies n'étaient pas les mêmes. Ainsi,

d'après les chartes de leur fondation, les unes, comme la Pensylvanie, le Maryland, les Carolines et la Géorgie, cédées en propriété à un homme ou à un établissement, avaient à leur tête un gouverneur désigné par leurs *propriétaires*. Ce gouverneur y était chargé du pouvoir exécutif, et les administrait sous l'inspection et le contrôle de la couronne. D'autres, à l'instar de New-York, étaient régies par un gouverneur royal ; d'autres, enfin, au nombre desquelles se trouvaient le Connecticut, le New-Jersey, le Massachussets, Rode-Island, le New-Hampshire, s'administraient sous le patronage de la mère patrie.

Mais si les colonies différaient sous ces rapports, elles se ressemblaient sous d'autres. Ainsi toutes étaient divisées en communes qui formaient le comté, en comtés qui formaient l'État, en attendant que les États formassent l'*Union*. Dans toutes, les communes décidaient librement les affaires locales ; les comtés nommaient des représentants à l'Assemblée générale de l'État, qui était comme le parlement des colonies. Ce parlement, où l'on délibérait sur les intérêts communs de la colonie, où l'on faisait les bills qui devaient la régir, où l'on votait les taxes nécessaires à ses besoins, était plus démocratique que le parlement d'Angleterre. Il ne formait qu'une chambre, la grande noblesse féodale et le corps épiscopal, qui, dans la mère patrie, avaient donné naissance à la chambre des lords, n'ayant point traversé les mers. Il y avait bien une noblesse dans la Virginie et dans la Caroline, mais, en général, les émigrants qui avaient fondé les colonies appartenaient aux communes. La division de l'autorité législative, qui n'y existait point en vertu de la différence des classes, ne s'y était pas encore opérée, comme cela se fit après la guerre de l'indépendance, selon la science des pouvoirs. L'institution d'une pairie héréditaire n'avait pas été remplacée par l'établissement d'un sénat électif; une seule Assemblée, annuellement nommée, exerçait dans chaque colonie la souveraineté, sous le contrôle et la sanction du gouverneur.

Jusqu'alors, les colonies avaient exercé le droit de se taxer elles-mêmes. Le roi leur demandait, par l'entremise des gouverneurs, les subsides qui étaient nécessaires à la mère patrie, et elles votaient ces subsides librement. Outre les sommes extraordinaires que les Anglo-Américains accordaient dans ces moments de besoin, ils payaient sur leurs biens et sur leurs personnes des impôts montant à dix-huit pence par livre sterling; sur tous leurs offices, toutes leurs professions, tous leurs genres de commerce, des taxes proportionnées à leur gain, et s'élevant à une demi-couronne par livre. Ils acquittaient en outre un droit sur le vin, sur le rhum, sur toutes les liqueurs spiritueuses, et versaient au fisc anglais dix livres sterling par tête de nègres introduits dans les colonies à esclaves. Ce revenu considérable, que le gouvernement britannique percevait dans l'Amérique du Nord, correspondait à un profit non moins étendu qu'en retirait la nation anglaise en y exerçant le monopole du commerce et de la navigation. La métropole fournissait ses colonies de tous les objets manufacturés qu'elles consommaient. Celles-ci, dont la population et la richesse s'accroissaient avec une étonnante rapidité, avaient couvert de villes laborieuses et d'opulentes cultures une côte naguère déserte et boisée. Un peu plus d'un siècle avait suffi pour transformer quelques centaines de colons anglais en un peuple de deux millions cinq cent mille Américains, qui tirait de l'Angleterre, trois ans avant sa rupture avec elle, pour six millions vingt-deux mille cent trente-deux livres sterling de marchandises. Cette somme équivalait presque à la totalité des exportations anglaises dans le monde entier pendant l'année 1704, c'est-à-dire moins de trois quarts de siècle auparavant. Le revenu pour le trésor public, le gain pour la nation, la grandeur pour l'État, qui résultaient du prospère développement des colonies, de leur attachement filial et de leur libre dépendance, l'Angleterre les compromit par une orgueilleuse avidité et un téméraire esprit de domination.

Dès 1739, on avait proposé à Robert Walpole de les imposer, pour aider la métropole à soutenir la guerre contre l'Espagne ; mais l'adroit et judicieux ministre avait répondu en ricanant : « Je laisse cela à faire à quelqu'un de mes successeurs qui aura plus de courage que moi et qui aimera moins le commerce. Ce successeur se rencontra en 1764. Le ministre Grenville ne craignit pas d'entrer dans la voie périlleuse des usurpations, en transportant au parlement britannique le droit de taxe, qui avait appartenu jusque-là aux assemblées américaines. Ce n'était pas seulement une innovation, c'était un coup d'État. Les colonies n'avaient point de représentant dans la Chambre des communes d'Angleterre, et ne pouvaient être légalement soumises à des décisions qu'elles n'avaient pas consenties. Grenville, néanmoins, présenta en 1764 au parlement, et fit adopter par lui en 1765, l'*acte du timbre*, qui frappait d'un droit toutes les transactions en Amérique, en obligeant les colons à acheter, à vendre, à prêter, à donner, à tester, sur du papier marqué, imposé par le fisc.

Déjà mécontentes de certaines résolutions prises en parlement dans l'année 1764, pour grever de taxes le commerce américain rendu libre avec les Antilles françaises, et pour limiter les payements en papier-monnaie et les exiger en espèces, les colonies ne se continrent plus à cette nouvelle. Elles regardèrent l'acte du timbre comme une atteinte audacieuse portée à leurs droits et un commencement de servitude si elles n'y résistaient pas : elles l'appelèrent la *folie de l'Angleterre* et la *ruine de l'Amérique*. Dans leur indignation unanime et tumultueuse, qui éclata en mouvements populaires et en délibérations légales, elles défendirent de se servir du papier marqué, contraignirent les employés chargés de le vendre à se démettre de leur office, pillèrent les caisses dans lesquelles il était transporté, et le brûlèrent. Les journaux américains, alors nombreux et hardis, soutinrent qu'il fallait *s'unir* ou *mourir*. Un congrès, composé des députés de toutes les colonies, s'assembla (7 octobre 1765) à New-York, et, dans une pétition énergique, se déclara résolu, tout en restant fidèle à la couronne, à défendre sans fléchir ses libertés. Faisant usage des armes redoutables qu'ils pouvaient employer contre l'Angleterre, les Anglo-Américains s'engagèrent mutuellement à se passer de ses marchandises, opposant ainsi l'intérêt de son commerce à l'ambition de son gouvernement. Une ligue de *non-importation* fut conclue, et, qui mieux est, observée. L'Amérique rompit commercialement avec la Grande-Bretagne.

Devant ces fortes manifestations et ces habiles mesures, la métropole céda. Un ministère nouveau, formé par le marquis de Rockingham, remplaça le cabinet que Grenville dirigeait avec une témérité si entreprenante. Franklin, entendu par la Chambre des communes, mit tant de clarté dans ses renseignements, tant d'esprit dans ses observations, tant de justesse dans ses conseils, qu'il contribua puissamment à ruiner l'acte du timbre, dont il fit sentir tout le poids pour l'Amérique et tout le péril pour l'Angleterre. Cet acte fut révoqué le 22 février 1766, mais avec une sagesse incomplète.

En effet, le gouvernement anglais renonça à une imprudente mesure, mais il ne se désista point du droit exorbitant qu'il s'était arrogé de la prendre. Il prétendait que le pouvoir législatif du parlement s'étendait sur toutes les parties du territoire britannique. La révocation de l'acte du timbre fut donc accompagnée d'un bill établissant que le roi, les lords et les communes de la Grande-Bretagne avaient le droit de faire des lois et des statuts obligatoires pour les colonies. Cette dangereuse théorie ne tarda point à recevoir une nouvelle application. Dans l'été de 1769, le gouvernement anglais, croyant que les colonies supporteraient plus facilement une taxe indirecte ajoutée au prix des objets de consommation qu'elles tiraient de la métropole, mit un droit sur le verre, le papier, le cuir, les couleurs et le thé. Il recommença ainsi la lutte qui devait aboutir cette fois à un entier assujettissement ou à une indépendance absolue des colonies.

L'Amérique résista à l'impôt des marchandises avec la même énergie et la même unanimité qu'à la taxe du timbre. La province de Massachussets, qui était la plus populeuse et la plus puissante, donna le signal de l'opposition. Elle avait provoqué la réunion du congrès de New-York en 1765, elle provoqua alors le renouvellement de la ligue coloniale contre l'importation des produits anglais. Son Assemblée ordinaire ayant été dissoute, elle convoqua hardiment une Assemblée extraordinaire sous le non de *Convention*. Elle s'imposa ces généreux sacrifices qui annoncent chez les peuples le profond sentiment du droit et les préparent, par les rudes efforts de la vertu, au difficile usage de la liberté. Des troupes furent envoyées dans Boston, capitale de cette province, où le sang coula, mais où la résistance ne faiblit point. La ligue fut signée dans les

treize colonies. Partout on s'imposa des privations :
on renonça à prendre du thé, on se vêtit grossièrement ; on rejeta les matières premières et les objets
manufacturés venant d'Angleterre ; on ne consomma
que les produits de l'Amérique, dont les fabriques
naissantes furent protégées par des souscriptions.
Unanimes et persévérantes dans leur système de
non-importation, les colonies annulèrent ainsi le
droit que s'arrogeait la métropole, en repoussant ses
marchandises.

La perte imminente de ce vaste débouché, l'inutile
et sanglant emploi des troupes envoyées de New-
York dans le Massachussets, la crainte de détacher
l'Amérique de l'Angleterre en l'habituant à lui désobéir et en l'obligeant à la détester, semblèrent ramener un moment le gouvernement britannique à
de meilleurs conseils. Lord North, chef d'un nouveau
ministère, supprima, le 5 mars 1770, toutes les taxes
établies sur les marchandises, excepté celle sur le
thé. Ce n'était point assez. La réconciliation ne fut
pas entière, la défiance se maintint. Des confédéra-
tions secrètes se formèrent pour la défense des libertés américaines, et la lutte, restée sourde en 1771,
reprit en 1772, lorsque le gouvernement anglais
résolut d'assurer l'exécution de ses lois dans les colonies en y mettant les divers magistrats sous la dépendance unique de la couronne.

Franklin n'était point resté inactif durant cette
longue crise. Après son efficace intervention contre
la taxe du timbre, il avait été nommé agent du Massachussets, du New-Jersey et de la Géorgie. Il n'avait

rien oublié pour réconcilier la Grande-Bretagne et
l'Amérique, en éclairant l'une sur ses intérêts, et en
soutenant l'autre dans ses droits. Il aurait voulu
maintenir l'intégrité de l'empire britannique, mais
il était trop clairvoyant pour ne pas en apercevoir
l'extrême difficulté. Il jugea de bonne heure, avec
son ferme bon sens, toute la gravité et toute l'étendue du désaccord survenu. Il prévit que ce désaccord
conduirait presque inévitablement à une rupture ;
que cette rupture entraînerait une guerre redoutable ; que cette guerre exigerait des sacrifices pro-
longés ; que, pour persévérer dans ces sacrifices, déjà
difficiles aux peuples fortement constitués, un peuple
nouveau devait se pénétrer peu à peu des sentiments
de patriotisme et de dévouement qui les inspirent ;
qu'il fallait, pour lui donner ces sentiments, épuiser
tous les moyens de conciliation, et le convaincre ainsi
tout entier qu'il ne lui restait d'autre ressource que
celle de s'insurger et de vaincre.

C'est d'après cette opinion, que partageaient avec
lui John Jay, John Adams, George Washington,
Thomas Jéfferson, et d'autres excellents personnages
qui prirent rang parmi les sauveurs de l'Amérique,
qu'il se conduisit, soit dans ses rapports avec le gouvernement métropolitain, soit dans ses conseils à ses
compatriotes. Il publia de nombreux écrits pour
éclairer l'Angleterre sur l'injustice et la faute qu'elle
commettait. Il exposa d'une manière claire et piquante les priviléges et les griefs des colonies. Dans
le premier ouvrage qu'il imprima, avec cette épi-
graphe : *Les flots ne se soulèvent que lorsque le vent*

souffle, il prouva que le parlement où les colonies n'étaient point représentées, n'avait pas plus le droit de les taxer qu'il ne possédait celui de taxer le Hanovre. Afin de mettre en évidence l'absurdité de cette prétention, il fit imprimer et répandre un édit supposé du roi de Prusse, qui établissait une taxe sur les habitants de l'Angleterre comme descendants d'émigrés de ses domaines. Ne se contentant point de la démonstration du droit, il s'adressa à l'intérêt de l'Angleterre et l'avertit que, si elle persistait dans ce système d'illégalité et d'oppression, elle perdrait les colonies et se mutilerait de ses propres mains. C'est ce qu'il exposa, sous la forme ironique du conseil, dans une brochure intitulée *Moyen de faire un petit État d'un grand empire.*

Mais ses sages avis, ses courageuses remontrances, ses ingénieuses et prophétiques menaces, n'eurent aucune influence sur le gouvernement britannique. Il est des moments où ceux qui conduisent les États ne voient et n'écoutent rien. On ne les éclaire pas en les avertissant, on les irrite. Franklin devint suspect aux ministres anglais et haï du roi. On l'accusa de fomenter la résistance des colonies et de les pousser à rompre avec la métropole, d'après un plan perfidement conçu et astucieusement suivi. La couronne étendit donc sur elles ses usurpations, et crut, en diminuant leurs priviléges, les priver des moyens de lui désobéir. C'est alors qu'elle voulut y placer dans sa dépendance la justice comme l'administration. Introduisant cette innovation dans le Massachussets, elle paya le président de la cour supérieure, qui avait reçu jusqu'alors ses appointements de la colonie. L'Assemblée protesta ; elle fut dissoute. Le complot contre les libertés de cette puissante province ne s'arrêta point là. Le gouverneur Hutchinson, le secrétaire André Olivier, et quelques colons infidèles, avaient écrit en Angleterre pour provoquer la révocation de la charte du Massachussets et l'emploi de mesures coercitives. Ces lettres tombèrent entre les mains de Franklin, qui les communiqua à ses commettants. L'indignation qu'on en ressentit dans la colonie fut extrême. La chambre des représentants porta plainte contre les coupables auteurs de cette correspondance, comme ayant suggéré des mesures tendant à détruire l'harmonie entre la Grande-Bretagne et la colonie de Massachussets, fait introduire une force militaire dans cette colonie, et comme s'étant rendus responsables des malheurs causés par la collision des soldats et des habitants. Elle les accusa devant le conseil privé d'Angleterre. Franklin fut chargé de poursuivre l'accusation.

Le ministère anglais et le roi George, qui le détestaient, crurent avoir trouvé l'occasion de le perdre en le diffamant. Un avocat hardi, facétieux, impudent, nommé Wedderburn, fut chargé de défendre les accusés et d'outrager l'accusateur. Le vénérable docteur Franklin, que le monde entier admirait et respectait, fut, pendant plusieurs heures, en butte à de grossiers sarcasmes et aux plus violentes injures. L'avocat Wedderburn le traita de *voleur* de lettres, dit qu'il voulait le *faire marquer du sceau de l'infamie*, et il provoqua plusieurs fois le rire indécent des lords du conseil, qui s'associèrent aux outrages de ce déclamateur vénal. Quant à lui, assis en face de l'avocat, il l'écouta fort tranquillement et du visage le plus serein. A chaque injure il faisait un petit signe de la main par-dessus son épaule, pour indiquer que l'injure passait outre et ne l'atteignait pas. Mais, sous la forte impassibilité du sage, le ressentiment pénétra dans le cœur froissé de l'homme, et Franklin dit en sortant à un ami qui l'avait accompagné : « Voilà un beau discours, que l'acheteur n'a pas encore fini de payer; il pourra lui coûter plus cher qu'il ne pense. » George III le paya, en effet, bientôt de la perte de l'Amérique. Le souvenir que Franklin conserva de cette séance du 20 janvier 1774, où les provocateurs des usurpations anglaises furent absous avec honneur, où le défenseur des libertés américaines fut diffamé avec préméditation, resta profondément gravé dans son âme. L'habit complet de velours de Manchester qu'il portait le jour où il fut ainsi offensé, il s'en revêtit quatre ans après, le 6 février 1778, en signant à Paris, avec le plénipotentiaire du roi de France, le traité d'alliance qui devait faciliter la victoire et assurer l'indépendance des colonies insurgées.

CHAPITRE IX

Le gouvernement anglais, qui avait espéré atteindre Franklin dans sa réputation, voulut l'atteindre
aussi dans sa fortune : il le destitua de sa charge de
maître général des postes en Amérique. Disposé à
suivre les voies de la violence, il trouva une occasion de s'y précipiter. La taxe sur le thé avait été
maintenue. La Compagnie des Indes ayant expédié
soixante caisses de thé en Amérique, les villes de
Philadelphie et de New-York renvoyèrent celles qui
leur étaient adressées; mais la ville de Boston alla
plus loin, elle les jeta à la mer.

Ce procédé violent excita la colère et enhardit le
despotisme du gouvernement métropolitain, qui se
décida à ruiner le commerce de la ville de Boston,
à révoquer les priviléges de la province de Massachussets, et à dompter toute résistance de la part
des Anglo-Américains. En mars 1774, lord North
demanda au parlement : le blocus de Boston; la nomination par la couronne des conseillers du gou-

verneur, des juges, des divers magistrats, de tous
les employés du Massachussets, sans que les représentants de la colonie pussent s'entremettre dans
son administration; la faculté de faire juger hors
de la colonie, et jusqu'en Angleterre, quiconque,
dans un tumulte, aurait commis un homicide ou
tout autre crime capital; l'autorisation de loger les
soldats chez les habitants. Toutes ces propositions
furent votées. Une flotte alla bloquer Boston, où le
général Gage s'établit avec une petite armée, tandis
qu'on leva en Angleterre des forces plus considérables pour écraser les colonies si elles osaient
remuer.

L'indignation contre les nouveaux actes du parlement anglais fut générale en Amérique. Boston se
décida à résister avec courage, et toutes les colonies résolurent de soutenir Boston avec vigueur.
Elles comprirent que la province de Massachussets
serait le tombeau ou l'asile de la liberté américaine.
La belliqueuse Virginie donna l'exemple. Son assemblée implora la miséricorde de Dieu par un jour
de jeûne, de prières et de douleur; et, cassée par
le gouverneur, elle déclara, avant de se séparer,
que faire violence à une colonie, c'était la faire à
toutes. On renouvela, en la rendant plus rigou-
reuse, la ligue pour interdire non-seulement toute
importation, mais encore toute exportation avec
l'Angleterre. Dans le Massachussets, les anciens magistrats cessèrent leurs fonctions; les nouveaux re-
fusèrent de les remplir, soit volontairement, soit
par crainte. Il n'y eut plus de justice; il ne resta

que la guerre, à laquelle on s'apprêta de toutes parts. On leva des compagnies, on fabriqua de la poudre. Les hommes s'exercèrent aux armes, les femmes fondirent des balles, et une armée accourut pour s'opposer aux entreprises du général Gage, lequel s'était posté, avec six régiments et de l'artillerie, sur une langue de terre qui séparait du continent Boston, déjà bloqué par des vaisseaux de guerre du côté de la mer.

Il fallait que les sentiments de toutes les colonies trouvassent un organe unique, que leurs efforts reçussent une direction commune. Franklin avait écrit, une année auparavant : « La marche la plus sage et la plus utile que pourraient adopter les colonies serait d'assembler un *congrès général*..... de faire une déclaration positive et solennelle de leurs droits, de s'engager réciproquement et irrévocablement à n'accorder aucun subside à la couronne... jusqu'à ce que ces droits aient été reconnus par le roi et par les deux chambres du parlement; et enfin, de communiquer cette résolution au gouvernement anglais. Je suis convaincu qu'une telle démarche amènerait une crise décisive; et, soit qu'on nous accordât nos demandes, soit qu'on recourût à des mesures de rigueur pour nous forcer à nous en désister, nous n'en parviendrions pas moins à notre but; car l'odieux qui accompagne toujours l'injustice et la persécution contribuerait à nous fortifier, en resserrant notre union; et l'univers reconnaîtrait que notre conduite a été honorable. » Ce conseil, donné dans l'été de 1773, fut suivi dans celui de 1774. Un congrès général fut convoqué, et se réunit le 5 septembre à Philadelphie, capitale de la plus centrale des colonies.

Ce congrès était composé de cinquante-cinq membres. Choisi parmi les hommes les plus accrédités, les plus habiles, les plus respectés des treize colonies, il comptait dans son sein les Peyton Randolph, les George Washington, les Patrick Henry, les John Adams, les Livingston, les Rutledge, les John Jay, les Lee, les Mifflin, les Dickinson, etc., qui se rendirent les immortels défenseurs de l'indépendance américaine. C'est ainsi que savent élire les peuples qui sont devenus capables de se gouverner. Ils choisissent bien, et ils obéissent de même. Ils délèguent les choses difficiles aux hommes supérieurs, qu'ils suivent avec docilité après les avoir investis de toute leur confiance avec discernement. Ce congrès mémorable, où l'accord des esprits prépara l'accord des actes, décida qu'il fallait soutenir Boston contre les forces anglaises, et lever des contributions pour venir à son aide, encourager et entretenir la résistance de la province de Massachussets contre les mesures oppressives du parlement britannique. Il publia en même temps une déclaration des *droits* qui appartenaient aux colonies anglaises de l'Amérique septentrionale, en vertu des lois de la nature, des principes de la constitution britannique et des chartes concédées. Cette déclaration solennelle fut accompagnée d'une pétition au roi, d'une adresse au peuple de la Grande-Bretagne, et d'une proclamation à toutes les colonies anglaises.

Un profond sentiment de la justice de leur cause, une ferme confiance dans leurs forces, la dignité d'hommes libres, le respect de sujets encore fidèles, l'affection de concitoyens désireux de n'être pas contraints à devenir des ennemis pour ne pas se laisser réduire à être des esclaves, respiraient dans tous les actes de ces fiers et énergiques Américains. Ils disaient au peuple anglais : « Sachez que nous nous croyons aussi libres que vous l'êtes ; qu'aucune puissance sur la terre n'a le droit de nous prendre notre bien sans notre consentement ; que nous entendons participer à tous les avantages que la constitution britannique assure à tous ceux qui lui sont soumis, notamment à l'inestimable avantage du jugement par jury ; que nous regardons comme appartenant à l'essence de la liberté anglaise que personne ne puisse être condamné sans avoir été entendu, ni puni sans avoir eu la faculté de se défendre ; que nous pensons que la constitution ne donne point au parlement de la Grande-Bretagne le pouvoir d'établir sur aucune partie du globe une forme de gouvernement arbitraire. Tous ces droits, et bien d'autres qui ont été violés à plusieurs reprises, sont sacrés pour nous comme pour vous. » Ils le conjuraient de ne pas en souffrir plus longtemps l'infraction à leur égard, et de nommer un parlement pénétré de la sagesse et de l'indépendance nécessaires pour ramener entre tous les habitants de l'empire britannique l'harmonie et l'affection que désirait ardemment tout vrai et tout honnête Américain.

Dans la supplique au roi, ils disaient que, loin

d'introduire aucune nouveauté, ils s'étaient bornés
à repousser les nouveautés qu'on avait voulu établir
à leurs dépens; qu'ils ne s'étaient rendus coupables
d'aucune offense, à moins qu'on ne leur reprochât
d'avoir ressenti celles qui leur avaient été faites. Ils
rappelaient à George III que ses ancêtres avaient
été appelés à régner en Angleterre pour garantir
une nation généreuse du despotisme d'un roi super-
stitieux et implacable; que son titre à la couronne
était le même que celui de son peuple à la liberté;
qu'ils ne voulaient pas déchoir de la glorieuse condition de citoyens anglais, et supporter les maux de la
servitude qu'on préparait à eux et à leur postérité.
Ils ajoutaient : « Comme Votre Majesté a le bonheur, entre tous les autres souverains, de régner sur
des citoyens libres, nous pensons que le langage
d'hommes libres ne l'offensera point. Nous espérons, au contraire, qu'elle fera tomber tout son royal
déplaisir sur ces hommes pervers et dangereux qui,
s'entremettant audacieusement entre votre royale
personne et ses fidèles sujets, s'occupant depuis
quelques années à rompre les liens qui unissent les
diverses parties de votre empire, abusant de votre
autorité, calomniant vos sujets américains, et pour-
suivant les plus désespérés et les plus coupables projets d'oppression, nous ont à la fin réduits, par une
accumulation d'injures trop cruelles pour être sup-
portées plus longtemps, à la nécessité de troubler de
nos plaintes le repos de Votre Majesté. »

Toutes ces pièces furent envoyées à Franklin. Le
prévoyant négociateur de l'Amérique ne croyait pas

plus que le sage Washington et la plupart des membres du congrès à la possibilité d'une réconciliation avec l'Angleterre. Néanmoins, faisant son devoir jusqu'au bout, il avait agi comme s'il n'en avait pas désespéré. Un nouveau parlement s'était réuni le 29 novembre 1774, et le ministère avait engagé une négociation indirecte avec Franklin. On lui avait demandé quelles seraient les conditions d'un retour des colonies à l'obéissance. Il les avait rédigées en dix-sept articles. Les principaux de ces articles étaient l'abandon du droit sur le thé, dont les cargaisons détruites seraient payées par Boston; la révision des lois sur la navigation, et le retrait des actes restrictifs pour les manufactures coloniales; la renonciation, de la part du parlement d'Angleterre, à tout droit de législation et de taxe sur les colonies; la faculté accordée aux colonies de s'imposer en temps de guerre proportionnellement à ce que payerait l'Angleterre, qui, en temps de paix, aurait le monopole du commerce colonial; l'interdiction d'envoyer des troupes sur le territoire américain sans le consentement des assemblées législatives des provinces; le payement par ces assemblées des gouverneurs et des juges nommés par le roi; la révocation des dernières mesures prises contre le Massachussets.

Ces articles, discutés tour à tour avec les docteurs Barclay, Fothergill, les lords Hyde et Howe, amis du ministère, et remaniés même sur quelques points, ne furent point agréés par le ministre des olonies, lord Darmouth, ni par le chef du cabinetc,

lord North. La pétition du congrès au roi, qui
survint pendant cette négociation détournée, ne produisit pas plus d'effet. Elle fut reçue avec un silen-
cieux dédain. L'adresse au peuple de la Grande-
Bretagne ne rendit pas le nouveau parlement plus
circonspect, plus juste, plus prévoyant que l'ancien.
Une majorité obséquieuse et téméraire, enivrée de
l'orgueil métropolitain, et entraînée par la politique
étourdie du ministère, pensa qu'il ne fallait point
ramener les colonies par des concessions, mais les
soumettre par les armes.

Des voix généreuses s'élevèrent cependant en leur
faveur dans le parlement. Wilkes et Burke, à la
chambre des communes, lord Chatham, à la chambre des lords, se firent leurs défenseurs. Ce grand
homme d'État prévit, déplora et aurait voulu éviter
leur séparation, que provoquait l'Angleterre même,
dont il avait, pendant sa glorieuse administration,
relevé la puissance. Il avait appris du docteur
Franklin, qui l'avait visité dans sa terre de Hayes,
et chez lequel il s'était rendu lui-même avec un certain éclat à Londres, l'état réel des populations
anglo-américaines, les limites de leurs prétentions
comme celles de leur obéissance. Il avait applaudi
à la pétition énergique et mesurée qu'elles avaient
adressée au roi, et il avait dit à Franklin que « le
congrès assemblé à Philadelphie avait agi avec tant
de calme, de sagesse, de modération, qu'il croyait
qu'on chercherait en vain une plus respectable assemblée d'hommes d'État, depuis les plus beaux
siècles des Grecs et des Romains. »

Au moment où cette redoutable affaire avait été agitée dans le parlement, tout accablé qu'il était par l'âge et par les infirmités, lord Chatham s'était rendu à la Chambre des pairs pour empêcher la guerre entre la métropole et les colonies, s'il en était temps encore. Il y avait introduit lui-même Franklin, d'après le conseil duquel il demanda que les troupes fussent retirées de Boston, comme le premier pas à faire dans la voie désirable d'un accord. Il parla avec toute l'autorité de la prévoyance et toute l'inutilité de l'opposition. Sa motion fut rejetée. Franklin sortit de cette séance (20 janvier 1775) pénétré d'enthousiasme pour le noble patriotisme, l'esprit vaste, la parole pathétique de ce puissant orateur. Il écrivit aussitôt à lord Stanhope, ami de lord Chatham : « Le docteur Franklin est plein d'admiration pour cet homme véritablement grand. Il a souvent rencontré dans le cours de sa vie l'éloquence sans sagesse et la sagesse sans éloquence ; mais il les trouve ici réunies toutes deux. »

Quelques jours après (le 2 février 1775), lord Chatham, sans se laisser rebuter par un premier échec, présenta un plan de réconciliation assez conforme aux idées de Franklin. Celui-ci assista encore à la séance de la chambre des lords, où fut habilement développé le plan d'une union sur le point de se rompre pour toujours. Lord Sandwich répondit à lord Chatham : il le fit avec violence. En combattant le défenseur des colonies, il ne craignit pas d'attaquer leur agent, qu'il avait aperçu dans

l'assemblée. Il demanda qu'on ne prît point en considération et qu'on rejetât sur-le-champ un projet
qui ne lui paraissait pas être la conception d'un
pair de la Grande-Bretagne, mais l'œuvre de quelque
Américain. Se retournant alors vers la barre où
était appuyé Franklin, il ajouta en le regardant :
« Je crois avoir devant moi la personne qui l'a rédigé,
l'un des ennemis les plus cruels et les plus acharnés
qu'ait jamais eus l'Angleterre. »

Franklin n'éprouva aucun trouble en entendant
cette soudaine apostrophe et en voyant tous les
yeux dans l'assemblée dirigés sur lui. Il semblait,
au calme de son visage et à l'aisance de son regard,
que l'attaque véhémente de lord Sandwich s'adressait à un autre. Mais il ne put se défendre d'une
émotion intérieure lorsque lord Chatham, dont les
ducs de Richmont, de Manchester, les lords Shelburne, Camdem, Temple, Littleton, avaient appuyé
la proposition, reprenant la parole, releva l'opinion blessante qu'avait exprimée lord Sandwich sur
Franklin, et voulut faire connaître au monde entier
les sentiments que lui inspirait cet homme illustre
et respectable. « Je suis, dit-il avec une noblesse un
peu hautaine, le seul auteur du plan présenté à la
chambre. Je me crois d'autant plus obligé de faire
cette déclaration, que plusieurs de vos seigneuries
semblent en faire peu de cas; car, si ce plan est si
faible, si vicieux, il est de mon devoir de ne pas
souffrir qu'on soupçonne qui que ce soit d'y avoir
pris part. On a reconnu que jusqu'ici mon défaut
n'était pas de prendre des avis et de suivre les sug-

gestions des autres. Mais je n'hésite pas à déclarer que, si j'étais premier ministre en ce pays, je ne rougirais point d'appeler publiquement à mon aide un homme qui connaît les affaires d'Amérique aussi bien que la personne à laquelle on a fait allusion d'une manière si injurieuse; un homme pour la science et la sagesse duquel toute l'Europe a la plus haute estime, qu'elle place sur le même rang que nos Boyle et nos Newton, et qui fait honneur non-seulement à la nation anglaise, mais à la nature humaine. » Ce magnifique éloge, sorti d'une bouch si imposante et si fière, faillit faire perdre contenance au philosophe de Philadelphie, que n'avaient pas embarrassé un seul instant les injures de lord Sandwich.

Les habitants du Massachussets furent déclarés rebelles, et de nouvelles troupes partirent pour aller joindre celles que commandait déjà le général Gage, chargé de les châtier et de les soumettre. Franklin comprit que, l'épée étant tirée du fourreau, la guerre ne se terminerait que par l'assujettissement ou l'indépendance des colonies américaines. Il ne pouvait plus rester en Angleterre avec utilité pour sa patrie et sans danger pour lui-même. Objet des soupçons et de l'animadversion du gouvernement britannique, il avait été prévenu qu'on songeait à le faire arrêter, sous prétexte qu'il avait fomenté une rébellion dans les colonies. Il se mit en garde contre ce dessein avec une vigilante finesse, et prépara clandestinement son départ. Il demanda plusieurs rendez-vous politiques pour le soir même du jour où il devait avoir quitté l'Angleterre. En croyant le tenir toujours sous sa main, le ministère ne devait pas se hâter de le prendre, s'il en avait l'intention. On le supposait encore à Londres, qu'il était déjà en mer, voguant pour l'Amérique, à laquelle il portait les conseils de son expérience, les ressources de son habileté, les ardeurs de son patriotisme, l'éclat et l'autorité de sa renommée.

Le rôle de conciliateur était fini pour Franklin, celui d'ennemi allait commencer : il devait être aussi opiniâtre dans l'un qu'il s'était montré patient dans l'autre. Franklin ne prenait jamais son parti faiblement. En chaque situation, plaçant son but là où se trouvait le devoir envers son pays, il y marchait avec clairvoyance et avec courage, sans détour comme sans lassitude. Il savait que, dans les débats des hommes et dans les luttes des peuples, celui-là l'emporte toujours qui veut le mieux et le plus longtemps. Pour donner dès lors à ses compatriotes cette volonté qui sait entreprendre, qui peut durer, qui doit prévaloir, cette volonté puissante qu'éclaire la vue de l'intérêt, qu'entretient le sentiment du devoir, qu'anime la force de la passion, il fallait la former peu à peu, la rendre profonde et unanime, afin qu'elle devînt inflexible et victorieuse. C'est à quoi il s'appliqua ; il mit tous ses soins et toute son adresse à faire reconnaître à l'Amérique entière l'inévitable nécessité de la résistance par l'évidente impossibilité de la réconciliation. Cette politique du sage philosophe Franklin fut celle du vertueux général Washington et du ferme démocrate Jefferson, c'est-à-dire des trois plus illustres fondateurs de l'Union américaine. Mais, après avoir été conduite à une rupture avec l'Angleterre, l'Amérique avait besoin qu'on tirât de cette rupture son indépendance, et que, pour assurer et affermir cette indépendance, on pourvût à sa défense militaire et à son organisation politique, on lui donnât des armées, on lui procurât des alliances, on lui assurât des institutions. Ici, avec une nouvelle situation, commence pour Franklin une œuvre nouvelle. A toutes les gloires qu'il a déjà acquises va se joindre celle de présider à la naissance, de concourir au salut, de travailler à la constitution d'un grand peuple.

CHAPITRE X

Embarqué le 22 mars 1775, Franklin arriva, après six semaines de traversée, au cap Delaware, et remit le pied sur cette terre d'Amérique qu'il avait laissée onze années auparavant cordialement soumise à la mère patrie, et qu'il trouva prête à affronter avec un magnanime élan tous les périls d'une insurrection sans retour et d'une guerre sans réconciliation. Il y fut reçu avec les témoignages d'une affectueuse reconnaissance et d'une vénération universelle. Le lendemain même du jour où il entra à Philadelphie, la législature de la Pensylvanie le nomma, d'une commune voix, membre du second congrès qui venait de se réunir le 10 mai dans cette ville. La guerre avait déjà éclaté. Quelques détachements de l'armée anglaise s'étaient, le 10 avril 1775, avancés jusqu'à Lexington et à Concord, y avaient commis d'odieux ravages, et avaient été obligés de se replier précipitamment sur Boston, poursuivis par les miliciens américains, peu aguerris, mais pleins d'ardeur et de courage.

L'attaque de Lexington et de Concord avait irrité l'Amérique au dernier point. Le congrès décida à l'unanimité que les colonies devaient être mises en état de défense (15 juin 1776), et à l'unanimité aussi il décerna le commandement suprême des forces continentales au général Washington. Admirable accord! Il n'y avait ni envie dans les cœurs, ni dissentiment dans les volontés. Le peuple donnait l'autorité avec confiance, les chefs l'acceptaient avec modestie et l'exerçaient avec dévouement.

Franklin, qui fut à cette époque chargé des missions les plus délicates, consacra tout son temps à la chose publique. Membre de l'assemblée de Pensylvanie et du congrès, il se partageait entre les intérêts de sa province et ceux de l'Amérique entière. Dès six heures du matin, il allait au comité de sûreté chargé de pourvoir à la défense de la Pensylvanie; il y restait jusqu'à neuf. De là il se rendait au congrès, qui ne se séparait qu'à quatre heures après midi. « La plus grande unanimité, écrivait-il à un de ses amis de Londres, règne dans ces deux corps, et tous les membres sont très-exacts à leur poste. On aura peine à croire, en Angleterre, que l'amour du bien public inspire ici autant de zèle que des places de quelques mille livres le font chez vous. »

Deux jours après l'élévation de Washington au commandement militaire, et un peu avant son arrivée au camp de Cambridge, le général Gage, pressé entre Boston et les troupes américaines que dirigeait encore le général Ward, attaqua celles-ci pour se dégager du côté de Bunker'shill. Il obtint un succès partiel, mais insignifiant. Ce fut l'unique avantage que remporta le général Gage. Depuis lors il fut serré de près par le vigilant Washington dans la presqu'île de Boston, et fut remplacé bientôt par le général Howe, envoyé en Amérique avec des forces supérieures. Vers cette époque, Franklin, auquel son bon sens autant que son désir faisait dire que « la Grande-Bretagne avait perdu les colonies pour toujours, » écrivit avec originalité et non sans calcul, à un de ses correspondants d'Angleterre qui semblait douter de la persévérance et de la réussite des *Yankees*, comme on appelait les Anglo-Américains : « La Grande-Bretagne a tué dans cette campagne cent cinquante *Yankees*, moyennant trois millions de dépenses, ce qui fait vingt mille livres par tête ; et sur la montagne Bunker, elle a gagné un mille de terrain, dont nous lui avons repris la moitié en nous postant sur la partie cultivée. Dans le même temps, il est né en Amérique soixante mille enfants sur notre territoire. D'après ces données, sa tête mathématique trouvera facilement, par le calcul, quels sont et les dépenses et le temps nécessaires pour nous tuer tous et conquérir nos possessions. »

L'Angleterre ne voulut pas comprendre la gravité de cette situation. Elle ne vit pas que les Américains avaient encore plus d'intérêt à lui résister qu'elle n'en avait à les soumettre, et qu'ils déploieraient pour affermir leur liberté politique autant d'énergie qu'en avaient montré leurs opiniâtres ancêtres pour assu-

rer leur liberté religieuse. Au lieu d'accueillir une
dernière supplication que les colonies adressèrent à
la mère patrie pour se réconcilier avec elle si les bills
attentatoires à leurs priviléges étaient révoqués, le
parlement britannique les mit *hors de la paix du roi
et de la protection de la couronne.* A cette déclaration d'inimitié il n'y avait plus à répondre que par
une déclaration d'indépendance. Le moment était
venu pour l'Amérique de se détacher entièrement
de l'Angleterre, et les esprits y étaient merveilleuse-
ment préparés.

Le congrès donc, sur le rapport d'une commission
composée de Benjamin Franklin, de Thomas Jefferson, de John Adams, de Rogers Sherman, de Phi-
lipp Livingston, annonça, le 4 juillet 1776, que les
treize colonies, désormais affranchies de toute obéissance envers la couronne britannique, et renonçant
à tout lien politique avec l'Angleterre, formaient
des États libres et indépendants, sous le nom d'*E-
tats-Unis d'Amérique.* Cette mémorable déclaration
d'indépendance fut rédigée par l'avocat virginien
Jefferson avec une généreuse grandeur de pensées
et une mâle simplicité de langage dignes d'inaugu-
rer la naissance d'un peuple. Pour la première fois,
les droits d'une nation étaient fondés sur les droits
mêmes du genre humain, et l'on invoquait, pour
établir sa souveraineté, non l'histoire, mais la nature. Les théories de l'école philosophique française,
adoptées sur le continent américain avant d'être réalisées sur le continent d'Europe, succédaient aux
pratiques du moyen âge; les constitutions rempla-

çaient les chartes, et à la concession ancienne des priviléges partiels se substituait la revendication nouvelle des libertés générales. Voici comment parlaient ces grands novateurs :

« Nous croyons, et cette vérité porte son évidence en elle-même, que tous les hommes sont nés égaux, qu'ils ont tous été dotés par leur Créateur de certains droits inaliénables; qu'au nombre de ces droits sont la vie, la liberté et la recherche du bien-être; que, pour assurer ces droits, il s'est établi parmi les hommes des gouvernements qui tirent leur légitime autorité du consentement des gouvernés; que, toutes les fois qu'une forme de gouvernement devient contraire à ces fins-là, un peuple a le droit de la modifier ou de l'abolir, et d'instituer un gouvernement nouveau fondé sur de tels principes, et si bien ordonné, qu'il puisse mieux lui garantir sa sécurité et assurer son bonheur. Il est vrai cependant que la prudence invite à ne pas changer légèrement, et pour des causes passagères, les gouvernements anciennement établis. Et, en fait, l'expérience a montré que les hommes sont plus disposés à souffrir lorsque leurs maux sont supportables qu'à user de leurs droits pour abolir les établissements auxquels ils sont habitués. Mais, lorsqu'une longue suite d'abus et d'usurpations invariablement dirigés vers le même but démontre qu'on a le dessein de les soumettre à un despotisme absolu, il est de leur droit, il est de leur devoir de se soustraire au joug d'un pareil gouvernement, et de pourvoir à leur sécurité future en la confiant à de nouveaux gardiens. Telle a été jusqu'ici la patience de ces colonies, et telle est maintenant la nécessité qui les force à changer les bases du gouvernement. »

Après avoir énuméré leurs griefs, et exposé toutes les tentatives qu'ils avaient faites, mais en vain, pour se réconcilier avec un peuple resté sourd à la voix de la justice comme à celle du sang, ils ajoutaient : « Nous donc, les représentants des États-Unis d'Amérique, réunis en congrès général, en appelant au Juge suprême du monde de la droiture de nos intentions, au nom et par l'autorité du peuple de ces colonies, nous proclamons et déclarons que ces colonies unies sont de droit et doivent être des États libres et indépendants ;..... que, comme États libres et indépendants, elles possèdent le droit de poursuivre la guerre, de conclure la paix, de contracter des alliances, de faire des traités de commerce, et d'accomplir tous les actes qui appartiennent aux États indépendants. Pour soutenir cette déclaration, mettant toute notre espérance et toute notre foi dans la protection de la divine Providence, nous nous engageons mutuellement, les uns envers les autres, à y employer nos vies, nos biens et notre honneur. »

Ce grand acte d'affranchissement, cette fière revendication de la pleine souveraineté, furent accueillis avec transport dans les treize colonies, qui se disposèrent à les maintenir avec une énergique persévérance. Le congrès devint le gouvernement général de l'*Union*. La guerre, la paix, les alliances, les emprunts, l'émission du papier-monnaie, la formation des armées, la nomination des généraux, l'envoi des ambassadeurs, toutes les mesures d'intérêt commun furent dans ses attributions, tandis que les États particuliers conservèrent, en l'étendant, leur libre administration et leur souveraineté législative. Il fallut toutefois dégager les gouvernements de ces treize États des liens qui les rattachaient encore au gouvernement métropolitain, et leur donner une organisation séparée et complète. Ils furent donc invités par le congrès à se constituer eux-mêmes; ils le firent dans des assemblées appelées *conventions.*

La convention de Pensylvanie élut pour son président Franklin, dont les idées prévalurent dans la constitution qu'elle se donna. Ce législateur original, portant dans l'organisation politique le besoin de simplicité et la hardiesse de conception qu'il avait montrés dans la pratique de la vie et dans l'étude de la science, sortit entièrement des doctrines comme des habitudes anglaises. Il changea même la forme des deux principaux ressorts du gouvernement. Ayant confiance dans la pensée humaine et se mettant en garde contre l'ambition politique, il se prononça pour l'unité du pouvoir législatif et pour la division du pouvoir exécutif. Il ne fit admettre en Pensylvanie qu'une seule assemblée délibérante et déléguer qu'une autorité partagée.

L'organisation du gouvernement pensylvanien était en complet désaccord avec la constitution du gouvernement britannique, où le pouvoir législatif était divisé et le pouvoir exécutif concentré, ce qui rendait la délibération plus lente et plus sage, l'action plus prompte et plus sûre. La théorie de Fran-

klin n'était que séduisante. L'histoire ne lui était
pas favorable, et l'expérience la fit bientôt abandonner. Cependant la théorie pensylvanienne, qui cessa
de convenir à l'Amérique douze années après, fit fortune en Europe ; Franklin y devint chef d'école. Il
inspira, en 1789, les organisateurs nouveaux de la
France ; et l'un des principaux et des plus sages
d'entre eux, le vertueux duc de la Rochefoucauld,
membre du comité avec Sieyès, Mirabeau, Chape-
lier, etc., disait alors de lui : « Franklin seul, dé-
gageant la machine politique de ces mouvements
multipliés et des contre-poids tant admirés qui la
rendaient si compliquée, proposa de la réduire à la
simplicité d'un seul corps législatif. Cette grande
idée étonna les législateurs de la Pensylvanie ; mais
le philosophe calma les craintes d'un grand nombre
d'entre eux, et les détermina enfin tous à adopter
un principe dont l'Assemblée nationale a fait la base
de la constitution française. » Hélas ! la France ne put
pas supporter plus longtemps que l'Amérique cette
organisation trop simple et trop faible, qui ne pré-
servait point la loi des décisions précipitées et irréflé-
chies, qui ne couvrait point l'État contre la fougue
des passions subversives. Les machines les plus com-
plexes ne sont pas les moins sûres ; et lorsque les
ressorts en sont bien adaptés entre eux, elles donnent
la plus grande force dans la plus grande harmonie.
Image de la société si compliquée dans ses besoins,
la machine politique réclame des ressorts multiples
et savamment combinés, qui concourent par leur
action diverse à l'utilité commune.

Quoi qu'il en soit, peu de temps après la déclaration générale d'indépendance et la constitution particulière des treize États, lord Howe, investi du commandement de la flotte anglaise, arriva en Amérique pour faire des propositions aux colonies avant de les attaquer à fond. Son frère, le général Howe, successeur du général Gage comme chef des troupes de terre, devait avoir sous ses ordres une forte armée, composée surtout d'Allemands. Lord Howe n'était chargé que d'inviter les colonies à l'obéissance en leur offrant le pardon métropolitain. Il écrivit, du bord du vaisseau amiral, à son ami Franklin, avec lequel il avait déjà négocié secrètement à Londres, et qu'il priait de le seconder dans sa mission. Franklin lui répondit : « Offrir le pardon à des colonies qui sont les parties lésées, c'est véritablement exprimer l'opinion que votre nation mal informée et orgueilleuse a bien voulu concevoir de notre ignorance, de notre bassesse et de notre insensibilité ; mais cette démarche ne peut produire d'autre effet que d'augmenter notre ressentiment. Il est impossible que nous pensions à nous soumettre à un gouvernement qui, avec la barbarie et la cruauté la plus féroce, a brûlé nos villes sans défense au milieu de l'hiver, a excité les sauvages à massacrer nos cultivateurs, et nos esclaves à assassiner leurs maîtres, et qui nous envoie en ce moment des mercenaires étrangers pour inonder de sang nos établissements. Ces injures atroces ont éteint jusqu'à la dernière étincelle d'affection pour une mère patrie qui nous était jadis si chère. »

Lord Howe s'étant adressé au congrès, cette assemblée désigna pour l'entendre Franklin, Adams et Rutledge. Les commissaires américains entrèrent en conférence avec l'amiral anglais dans l'île des États (Staten-Island), en face d'Amboy. Aux propositions de rentrer dans le devoir, avec la promesse vague d'examiner de nouveau les actes qui faisaient l'objet de leurs plaintes, ils répondirent qu'il n'y avait plus à espérer de leur part un retour à la soumission ; qu'après avoir montré une patience sans exemple, ils avaient été contraints de se soustraire à l'autorité d'un gouvernement tyrannique ; que la déclaration de leur indépendance avait été acceptée par toutes les colonies, et qu'il ne serait plus même au pouvoir du congrès de l'annuler ; qu'il ne restait donc à la Grande-Bretagne qu'à traiter avec eux comme avec les autres peuples libres. Cette froide et irrévocable signification de leur désobéissance et de leur souveraineté fut confirmée par le congrès, qui, le 17 septembre 1776, publia le rapport de ses commissaires, en approuvant leur langage et leur conduite. Il fallait maintenant faire prévaloir une aussi fière résolution les armes à la main, et lui donner la consécration indispensable de la victoire.

Ce n'était point le tour qu'avaient pris jusque-là les choses. La guerre n'avait pas été heureuse pour les Américains. Ils avaient tenté tout d'abord une diversion hardie, en entreprenant la conquête du Canada, qui les aurait préservés de toute hostilité vers leur frontière septentrionale, et aurait privé les Anglais de leur principal point d'appui sur le continent.

Le général Montgommery s'était avancé par les lacs pour attaquer cette province du côté de Montréal, tandis que Washington avait envoyé de son camp de Cambridge le colonel Arnold, qui, remontant l'Hudson et la Sorel, devait y pénétrer du côté de Québec. Grâce à ces deux vaillants hommes, cette audacieuse invasion fut sur le point de réussir. Montgommery entra dans Montréal, se rendit à marches forcées devant Québec, l'investit avec sa petite troupe, et allait s'en rendre maître par un assaut, lorsqu'il tomba sous la mitraille anglaise. Le colonel Arnold, après des fatigues incroyables et des périls sans nombre, ayant traversé des pays impraticables au cœur d'un hiver rigoureux, arriva pour continuer l'héroïque entreprise de Montgommery sans avoir le moyen de l'achever. Être arrêté un instant dans l'exécution des desseins qui dépendent de la promptitude des succès et de l'étonnement des esprits, c'est y avoir échoué. Québec, dont la prise avait été manquée par la mort soudaine de Montgommery, s'était mis en état de défense ; et le Canada, n'ayant point été enlevé aux Anglais par surprise, ne pouvait être conquis sur eux par une guerre régulière. Les Anglais devaient bientôt y être plus forts que les Américains, et contraindre ceux-ci à l'évacuer pour toujours.

Non-seulement le plan d'attaque des insurgés contre les possessions britanniques n'avait point réussi, mais leur plan de défense sur leur propre territoire avait été accompagné de grands revers. Les Anglais, n'ayant plus à châtier une seule province, mais à dompter les treize colonies, avaient

changé leurs dispositions militaires. Il ne convenait
point de rester à Boston, dont le golfe était trop
tourné vers l'une des extrémités de l'Amérique insurgée, et ils songèrent à occuper une position plus
centrale. Le beau fleuve de l'Hudson, près de l'em-
bouchure duquel était assise la riche ville de New-
York, et dont le cours séparait presque en deux les
colonies du nord-est et les colonies du sud-ouest,
établissait, par le lac Champlain et la rivière de la
Sorel, une communication intérieure avec le Canada. Cette ligne était, sous tous les rapports, importante à acquérir pour les Anglais. Maîtres des
bouches et du cours de l'Hudson, ils pouvaient, du
quartier général de New-York comme d'un centre,
diriger des expéditions militaires sur les divers points
de la circonférence insurgée, et envahir les provinces
de la rive gauche ou celles de la rive droite, selon que
les y pousserait leur politique ou leur ressentiment.
Ils résolurent donc de s'en emparer et de s'y établir.

Ils avaient évacué Boston au printemps (17 mars)
de 1776. Leur armée ne s'élevait pas alors au-dessus de onze mille hommes; mais ils avaient reçu
dans l'été des renforts qui leur étaient venus de
l'Europe, des Antilles et des Florides. Le général
Howe avait de vingt-quatre à trente mille hommes
disciplinés et aguerris, lorsqu'il se décida à attaquer
l'île Longue (Long-Island), située en avant de New-
York, et dont la pointe méridionale s'avance vers
les bouches de l'Hudson. Le prévoyant Washington
avait quitté son camp de Cambridge, et, devinant le
dessein des Anglais, il s'était posté avec treize mille

miliciens sur le point qu'ils voulaient envahir, pour le leur disputer. Mais ses forces étaient trop peu considérables, et la qualité de ses troupes était trop inférieure pour qu'il eût l'espérance d'y parvenir. Le mérite de ce grand homme devait être pendant longtemps de soutenir sa cause en se faisant battre pour elle, et de se montrer assez constant dans le dessein de sauver son pays et assez inébranlable aux revers, pour se donner le temps comme le moyen de vaincre.

Les Anglais descendirent dans Long-Island, et y gagnèrent une sanglante bataille sur les Américains, qui y perdirent près de deux mille hommes. Ils débarquèrent ensuite sur le continent, marchèrent sur New-York, que l'armée des insurgés évacua, remontèrent l'Hudson, et s'emparèrent des forts Washington et Lee, placés sur ses deux rives vis-à-vis l'un de l'autre, et commandant le cours du fleuve. Ils conquirent ensuite la province voisine de New-Jersey, où s'était d'abord retiré le général américain avec les faibles débris de son armée. Suivi de quatre mille hommes seulement, il s'était posté à Trenton, sur la Delaware, et bientôt les forces supérieures du général anglais l'avaient réduit à quitter cette dernière position dans le New-Jersey. Battu, mais non découragé, dépourvu de moyens de résistance, mais soutenu par une volonté indomptable, il passa alors la Delaware, afin de couvrir Philadelphie, où siégeait le congrès et où devait marcher d'un moment à l'autre l'armée victorieuse, pour prendre la capitale et disperser le gouvernement de l'insurrection.

La situation ne pouvait pas être plus périlleuse :

elle semblait désespérée. L'Amérique avait un habile
général, mais elle n'avait pas d'armée régulière.
Manquant d'armes, de munitions, de vivres, de vêtements même pour les soldats, Washington était
obligé de lutter contre des troupes régulières, bien
conduites, fournies de tout, avec des miliciens braves
mais mal organisés, qui arrivaient et se retiraient
selon le terme de leurs engagements, et qui conservèrent longtemps l'indiscipline de l'insurrection. Le
congrès lui-même exerçait une souveraineté générale, faible et mal obéie. Il ne pouvait ni faire des
lois obligatoires pour les États particuliers, ni lever
des troupes sur leur territoire, ni les soumettre à des
impôts. Ces divers droits appartenaient aux États
eux-mêmes, qui possédaient la souveraineté effective, et auprès desquels le congrès n'intervenait que
par la voie du conseil et des recommandations. Il
avait été émis, pour le service de l'*Union*, vingt-
quatre millions de dollars (cent vingt millions de
francs) d'un papier-monnaie qui fut promptement
discrédité. Dans ce moment de suprême péril, où il
devait pourvoir à tant de besoins avec un papier-
monnaie sans valeur, résister, avec une armée presque dissoute, à l'invasion anglaise qui s'étendait, et
au parti métropolitain qui, sous le nom de *loyaliste*,
levait hardiment la tête, le congrès n'avait d'autre
ressource que de chercher au dehors des secours en
armes et en argent par des emprunts, des secours en
hommes et en vaisseaux par des alliances.

Il tourna d'abord les yeux vers la France. Cette
nation, depuis longtemps célèbre par la générosité

de ses sentiments, était devenue, par la récente liberté de ses idées, plus accessible encore à l'appel d'un peuple opprimé qui tentait de s'affranchir. Pays des pensées hardies et des nobles dévouements, la France était plus disposée que jamais à se passionner pour les causes justes, à s'engager dans les entreprises utiles aux progrès du genre humain. Elle marchait à grands pas, par la voie des théories, vers le même but où les Américains avaient été conduits par la route des traditions, et sa révolution de liberté était à treize ans de date de leur révolution d'indépendance. D'ailleurs, le penchant de la nation se rencontrait ici avec les calculs du gouvernement, et l'enthousiasme populaire était cette fois d'accord avec l'intérêt politique. Assister les Américains contre les Anglais, c'était se préparer un allié et se venger d'un ennemi. Personne mieux que Franklin ne pouvait aller plaider en France la cause de l'Amérique. Le libre penseur devait y obtenir l'appui zélé des philosophes qui dirigeaient dans ce moment l'esprit public; le négociateur adroit devait y décider la prompte coopération du ministre prévoyant et capable qui y conduisait les affaires étrangères; l'homme spirituel devait y plaire à tout le monde, et le noble vieillard ajouter aux sympathies du peuple pour son pays par le respect que le peuple porterait à sa personne. Aussi le congrès le désigna-t-il, malgré son grand âge, pour cette lointaine et importante mission.

CHAPITRE XI

Nommé commissaire des États-Unis auprès de la France, et accrédité bientôt aussi auprès de l'Espagne, qu'unissait étroitement à elle le pacte de famille, Franklin partit de Philadelphie le 28 octobre 1776, accompagné de ses deux petits-fils, William Temple Franklin et Benjamin Franklin Bache. Il avait été précédé à Paris par M. Silas Deane, et il devait y être suivi par M. Arthur Lee, que le congrès lui avait donnés pour collègues. Après une traversée de cinq semaines, il arriva heureusement, le 3 décembre, dans la baie de Quiberon. Ce n'était pas la première fois qu'il visitait la France; il l'avait déjà traversée en 1768, après un voyage qu'il avait fait sur le continent, lorsqu'il était agent des colonies à Londres. A cette époque, il avait été présenté à Louis XV, qui avait voulu voir celui dont le hardi génie avait dérobé la foudre aux nuages. Il venait persuader maintenant au successeur de Louis XV d'arracher la domination de l'Amérique aux Anglais.

Après avoir passé quelques jours à Nantes, il se rendit à Paris, où l'annonce de son arrivée avait produit et où sa présence entretint une sensation extraordinaire. La lutte des Américains contre les Anglais avait ému l'Europe, et surtout la France. Les *insurgents*, comme on appelait les colons révoltés, y étaient l'objet d'un intérêt incroyable. Dans les cafés et dans les lieux publics, on ne parlait que de la justice et du courage de leur résistance. Tous ceux dont l'épée était oisive et dont le cœur aimait les nobles aventures, voulaient s'enrôler à leur service. La vue de Franklin, la simplicité sévère de son costume, la bonhomie fine de ses manières, le charme attrayant de son esprit, son aspect vénérable, sa modeste assurance et son éclatante renommée, mirent tout à fait à la mode la cause américaine. « Je suis en ce moment, écrivait-il un peu plus tard à propos de l'engouement dont il était l'objet, le personnage le plus remarquable dans Paris. » Il ajoutait dans une autre lettre : « Les Américains sont traités ici avec une cordialité, un respect, une affection qu'ils n'ont jamais rencontrés en Angleterre lorsqu'ils y ont été envoyés. »

Cependant il ne voulut point prendre encore de caractère public, de peur d'embarrasser la cour de France et de compromettre le gouvernement de l'Union, si ce caractère n'était point reconnu. Aussi ne fut-il d'abord reçu qu'en particulier par M. de Ver-

gennes, qui aurait craint, s'il avait reçu officielle-
ment lui et ses collègues, d'exciter les ombrages de
l'Angleterre sans qu'on fût prêt à la combattre encore.
En homme d'État prévoyant et résolu, ce ministre
avait poussé depuis plusieurs mois le gouvernement
de Louis XVI à s'engager dans cette guerre. Dès
que la déclaration d'indépendance avait été connue,
il avait adressé, le 31 août 1776, au roi, en présence
de MM. de Maurepas, de Sartine, de Saint-Germain
et de Clugny, membres de son conseil, un rapport sur
le parti qu'il convenait de prendre dans ce moment
solennel. Avec la vue la plus nette et par les considé-
rations les plus politiques et les plus hautes, il décla-
rait que la guerre deviendrait tôt ou tard inévitable,
qu'elle serait uniquement maritime, et qu'elle aurait
à la fois l'opportunité de la vengeance, le mérite de
l'utilité et la gloire de la réussite.

« Quel plus beau moment, disait-il, la France
pourrait-elle choisir pour effacer la honte de la surprise odieuse qui lui fut faite en 1755, et de tous les
désastres qui en furent la suite, que celui où l'Angleterre est engagée dans une guerre civile, à mille
lieues de la métropole?... » Persuadé que les colonies étaient irréconciliables avec l'Angleterre, croyant
que la France pouvait établir avec elles une liaison
solide, *nul intérêt ne devant diviser deux peuples
qui ne communiquaient entre eux qu'à travers de
vastes espaces de mers*, désirant que le commerce de
leurs denrées et de leurs produits vînt animer ses
ports et vivifier son industrie, conseillant de priver
du même coup la Grande-Bretagne des ressources

qui avaient tant contribué à ce haut *degré d'honneur et de richesse* où elle était parvenue, il ajoutait : « Si Sa Majesté, saisissant une circonstance unique, que les siècles ne reproduiront peut-être jamais, réussissait à porter à l'Angleterre un coup assez sensible pour abattre son orgueil et pour faire rentrer sa puissance dans de justes bornes, elle aurait la gloire de n'être pas seulement le bienfaiteur de son peuple, mais celui de toutes les nations. »

Cette forte politique ne devait pas être adoptée sur-le-champ par M. de Maurepas ni par Louis XVI. Toutefois, le cabinet de Versailles, obéissant à l'irrésistible impulsion de ses intérêts, secourut secrètement les colonies insurgées. Déjà, dans le mois de mai 1776, il avait mis un million de livres tournois à la disposition des agents chargés de leur procurer des munitions et des armes. Le fameux et entreprenant Beaumarchais dirigeait l'achat et l'envoi de ces fournitures militaires. En 1777, deux millions de plus furent consacrés sous main à ce service. Les commissaires américains furent admis en outre à traiter avec les fermiers généraux de France, auxquels ils vendirent du tabac de Virginie et de Maryland pour deux millions de livres. Leurs navires furent reçus dans les ports de France, et le gouvernement ferma les yeux sur l'enrôlement des officiers qui s'engageaient sous leur drapeau, l'acquisition des armes qui étaient expédiées pour leurs troupes, la vente des prises qui étaient faites par leurs corsaires. Cette hostilité couverte, dont se plaignait l'Angleterre, devait bientôt se changer en guerre déclarée.

En attendant l'occasion qui devait donner la France pour alliée à l'Amérique, Franklin s'était établi dans l'agréable village de Passy, aux portes mêmes de Paris ; il y occupait une maison commode, avec un vaste jardin. Il avait dans son voisinage très-rapproché la veuve du célèbre Helvétius, si généreux comme fermier général, si repoussant comme philosophe. Elle habitait Auteuil avec une petite colonie d'amis distingués, au nombre desquels étaient le spirituel abbé Morellet et le savant médecin Cabanis. Elle recevait tout ce que Paris avait de considérable dans les lettres et dans l'État. Franklin se lia d'une étroite amitié avec cette femme excellente et gracieuse, remarquable encore par sa beauté, recherchée par son esprit, attrayante par sa douceur, incomparable par sa bonté. Il vécut neuf ans dans son aimable intimité. C'est auprès d'elle qu'il vit les chefs des encyclopédistes, d'Alembert et Diderot ; c'est à elle qu'il dut son amitié avec Turgot, le philosophique prophète de l'indépendance américaine, e précurseur entreprenant de la Révolution française. Après avoir annoncé en 1750, avec une force d'esprit rare, qu'avant vingt-cinq années les colonies anglaises se sépareraient de la métropole comme un fruit mûr se détache de l'arbre, Turgot venait de quitter les conseils de Louis XVI pour avoir voulu mettre les institutions de la France au niveau de ses idées, accorder son état politique avec son progrès social et prévenir les violences d'une révolution par l'accomplissement d'une réforme. C'est surtout chez madame Helvétius qu'il entra en commerce régulier avec tous ces philosophes du dix-huitième siècle, qui s'étaient rendus les maîtres des esprits et s'étaient faits les instituteurs des peuples. Secondé par ce parti généreux, hardi, actif, puissant, Franklin, après avoir gagné le public à sa cause, n'oubliait rien pour y amener le gouvernement. Il pressait la cour de Versailles; il écrivait à celle de Madrid, avec laquelle le congrès, se reposant *sur sa sagesse et son intégrité*, l'avait chargé de négocier un traité d'amitié et de commerce; il envoyait Arthur Lee à Amsterdam et à Berlin; il garantissait la sûreté de l'emprunt qui devait permettre d'acquérir des armes et de poursuivre la guerre; il hâtait enfin de ses vœux comme de ses efforts la résolution que prendrait l'Europe d'embrasser la défense de l'Amérique.

Ce moment arriva. La résistance prolongée et sur quelques points heureuse des *insurgents* décida le gouvernement de Louis XVI à les secourir. Après la défaite de Long-Island, l'évacuation de New-York, la prise des forts de l'Hudson, la conquête de New-Jersey, Washington avait sauvé son pays par la mâle constance de son caractère et l'habile circonspection de ses manœuvres. Non-seulement il avait évité de se laisser acculer entre l'armée et la flotte anglaise, comme l'aurait voulu le général Howe pour lui faire mettre bas les armes, mais il avait conçu et il exécuta le dessein de surprendre, au cœur de l'hiver, les corps britanniques dispersés dans le New-Jersey. Lorsqu'on le croyait affaibli, abattu, impuissant, il passa la Delaware sur la glace, se dirigea, le 25 décembre 1776, par une audacieuse marche de nuit, vers Trenton, qu'il surprit et dont il s'empara, après avoir forcé les troupes hessoises à se rendre prisonnières. Tous les détachements anglais qui bordaient le cours de la Delaware se replièrent ; et, au moment où lord Cornwallis vint avec des forces supérieures pour reprendre Trenton, le général des insurgés, se dérobant à lui par un mouvement aussi hardi qu'heureux, alla, sur ses derrières mêmes, battre un corps britannique à Princeton. A la suite d'avantages aussi brillants et aussi inattendus, Washington établit ses quartiers d'hiver, non plus en Pensylvanie, mais dans le New-Jersey, qu'abandonna en grande partie l'armée d'invasion. Il se plaça dans la position montagneuse et forte de Morristown, d'où il ne cessa de harceler les Anglais par des détachements envoyés contre eux. Ces victoires relevèrent dans l'opinion la cause américaine, mais elles ne parvinrent à suspendre qu'un instant les progrès de la conquête anglaise.

En effet, dans la campagne de 1777, le général Howe se transporta en Pensylvanie pour occuper cette province centrale et s'établir au siége du gouvernement insurrectionnel. Au lieu d'y pénétrer par le New-Jersey, il entra par la baie de la Chesapeake. A la tête de dix-huit mille hommes qu'il avait débarqués, il marcha sur Philadelphie. Washington essaya de couvrir la capitale de l'Union américaine. Il avait reçu vingt-quatre mille fusils envoyés de France, et il avait été joint par le chevaleresque précurseur de ce grand peuple, par le généreux marquis de la Fayette, qui, se dérobant aux tendresses d'une jeune femme, enfreignant les ordres formels d'une cour encore indécise, avait quitté son régiment, sa famille, son pays pour aller mettre son épée et sa fortune au service de la liberté naissante, de cette liberté dont il devait être, pendant soixante ans, le noble champion dans les deux mondes, sans l'abandonner dans aucun de ses périls, sans la suivre dans aucun de ses égarements.

Investi de pouvoirs extraordinaires que lui avait conférés le congrès dans ce moment redoutable, Washington attendit les Anglais sur la Brandywine. Il ne put les empêcher de franchir cette rivière et d'entrer victorieusement, après l'avoir battu le 11 septembre, dans Philadelphie, d'où le congrès se retira d'abord à Lancaster, et puis à York-Town. Mais, toujours inébranlable, il se maintint devant les Anglais, auxquels il ne laissa ni sécurité ni repos. Renouvelant à Germantown la manœuvre qui lui avait si bien réussi l'année précédente à Trenton et à Princeton, il attaqua l'armée ennemie non loin de Philadelphie, la culbuta, et aurait remporté sur elle un plus grand avantage sans un brouillard qui mit le désordre dans ses troupes et les précipita dans une retraite soudaine. Il s'établit ensuite dans un camp fortifié à vingt milles environ de Philadelphie, à Valley-Forge, sur un terrain couvert de bois, borné d'un côté par le Schuylkill, et de l'autre par des chaînes de collines, d'où il tint le général Howe en échec.

Tandis que Washington contenait l'armée anglaise sur le Schuylkill et la Delaware, il s'était passé des événements très-graves sur les lacs du Nord et sur le haut cours de l'Hudson. Les Américains, arrêtés dans l'invasion du Canada, avaient été contraints de se replier sur leur propre territoire, où ils furent attaqués, dans l'été de 1777, par le général Burgoyne, avec une armée d'environ dix mille hommes, venue en grande partie d'Angleterre. Ce capitaine entreprenant descendit le lac Champlain, occupa la forteresse de Ticondéroga, placée en avant du lac Georges, se rendit maître des autres forts qui couvraient ce côté de la frontière septentrionale des États-Unis, et passa sur la rive droite de l'Hudson, dont il suivit le cours, avec le projet de s'emparer d'Albany et d'aller joindre l'armée centrale établie dans New-York.

Mais, arrivé à Saratoga, il y rencontra le général américain Gates, qui marchait à sa rencontre à la tête de quinze mille hommes. Là finirent ses succès et commencèrent ses désastres. Non-seulement Gates l'arrêta, mais il le battit plusieurs fois, lui enleva tous les moyens d'opérer sa retraite, l'assiégea dans une position désespérée, et, après une terrible lutte qui dura tout un mois, le contraignit à se rendre avec son armée. Le 17 octobre, Burgoyne signa une capitulation par laquelle les cinq mille huit cents hommes qui lui restaient laissèrent leurs armes entre les mains de leurs ennemis victorieux, et furent conduits comme prisonniers de guerre à Boston, d'où on les transporta en Europe, sous la condition qu'ils ne serviraient plus pendant toute la durée de la guerre

Cet événement eut des suites considérables. Jointe à la résistance opiniâtre de Washington, la victoire de Gates produisit un effet extraordinaire en Europe. Franklin en tira un grand parti. « La capitulation de Burgoyne, écrivit-il, a causé en France la joie la plus générale, comme si cette victoire avait été remportée par ses propres troupes sur ses propres ennemis, tant sont universels, ardents, sincères, la bonne volonté et l'attachement de cette nation pour nous et pour notre cause! » Il saisit ce moment d'enthousiasme et de confiance pour entraîner le cabinet de Versailles dans l'alliance qu'il lui proposait depuis longtemps avec les États-Unis. Le 4 décembre, en apprenant au comte de Vergennes que le général Burgoyne avait capitulé à Saratoga, il ne craignit pas d'avancer que le général Howe serait bientôt réduit à en faire autant à Philadelphie. Il le croyait fermement; car lorsqu'on lui avait annoncé que le général Howe avait pris Philadelphie, il avait répondu : *Dites plutôt que Philadelphie a pris le général Howe.* Il fit sentir à la cour de France combien il lui importait de se décider promptement. Elle pouvait s'unir sans témérité à un pays qui savait si bien se défendre, et elle devait traiter sans retard avec lui, de peur qu'il ne trouvât l'Angleterre disposée aux concessions par la défaite. C'est ce que la cour de Versailles admit avec sagacité et exécuta avec résolution. Dès le 7 décembre, M. de Vergennes dicta une note qui fut communiquée à Franklin, à Silas Deane et à Arthur Lee, pour leur annoncer que la maison de Bourbon, déjà bien disposée, par ses intérêts comme par ses penchants, en faveur de la cause américaine, prenait confiance dans la solidité du gouvernement des États-Unis depuis les derniers succès qu'il avait obtenus, et n'était pas éloignée d'établir avec lui un *concert plus direct.*

Le lendemain même, Franklin, Silas Deane et Arthur Lee se montrèrent prêts à entrer en négociation. Ils renouvelèrent la proposition d'un traité de commerce et d'amitié; et, le 16, ils entrèrent en pourparlers à Passy avec M. Gérard de Rayneval, premier commis des affaires étrangères et secrétaire du conseil d'État, que Louis XVI avait désigné pour être son plénipotentiaire. On convint sans peine d'une étroite alliance, et il fut promis aux négociateurs américains un secours additionnel de trois millions pour le commencement de l'année 1778. On aurait pu signer sur-le-champ ce grand accord, si la France n'avait pas voulu agir de concert avec l'Espagne. Afin d'avoir son utile concours, on expédia un courrier au cabinet de Madrid, trop lent pour se décider vite, et ayant trop à perdre dans l'émancipation des colonies du nouveau monde pour ne pas hésiter à en seconder le premier exemple. L'invitation ne fut pas encore acceptée de sa part, et l'on se borna, par une clause secrète, à lui réserver une place dans le traité, en même temps que, par un autre article, on provoquait à entrer dans l'alliance tous les États qui, ayant reçu des injures de la Grande-Bretagne, désiraient l'abaissement de sa puissance et l'humiliation de son orgueil.

Les deux traités furent signés le 6 février. Le 8,

les plénipotentiaires américains, en les envoyant au président des États-Unis, lui disaient : « Nous avons la grande satisfaction de vous apprendre, ainsi qu'au congrès, que les traités avec la France sont conclus et signés. Le premier est un traité d'amitié et de commerce ; l'autre est un traité d'alliance, dans lequel il est stipulé que si l'Angleterre déclare la guerre à la France, ou si, à l'occasion de la guerre, elle tente d'empêcher son commerce avec nous, nous devons faire cause commune ensemble, et joindre nos forces et nos conseils. Le grand objet de ce traité est déclaré être d'*établir la liberté, la souveraineté, l'indépendance absolue et illimitée des États-Unis, aussi bien en matière de gouvernement qu'en matière de commerce.* Cela nous est garanti par la France avec tous les pays que nous possédons et que nous posséderons à la fin de la guerre.

« Nous avons trouvé, en négociant cette affaire, la plus grande cordialité dans cette cour ; on n'a pris ni tenté de prendre aucun avantage de nos présentes difficultés pour nous imposer de dures conditions ; mais la magnanimité et la bonté du roi ont été telles, qu'il ne nous a rien proposé que nous n'eussions dû agréer avec empressement dans l'état d'une pleine prospérité et d'une puissance établie et incontestée. La base du traité a été la plus *parfaite égalité et réciprocité.* En tout, nous avons de grandes raisons d'être satisfaits de la bonne volonté de cette cour et de la nation en général, et nous souhaitons que le congrès la cultive par tous les moyens les plus propres à maintenir l'union et à la rendre permanente. »

Ainsi s'accomplit ce grand acte, sans lequel, malgré la constance valeureuse de ses généraux et la déclaration magnanime de son congrès, l'Amérique aurait fini par succomber sous les efforts de la trop puissante Angleterre. Il marqua le véritable avénement des États-Unis parmi les nations. La France se chargea de les y introduire avec une habile générosité. Le plus ancien roi de l'Europe, fidèle aux traditions de sa race et à la politique de son pays, devint le protecteur de la république naissante du nouveau monde, comme ses ancêtres avaient été les utiles alliés des républiques du vieux monde, et avaient soutenu tour à tour les cantons suisses, les villes libres d'Italie, les Provinces-Unies de Hollande et les États confédérés de l'Allemagne. La France ne craignit pas de s'engager dans une longue guerre pour atteindre un grand but.

Franklin eut le mérite d'avoir préparé et signé les deux actes qui procurèrent à sa patrie un belliqueux défenseur, proclamèrent sa souveraineté, garantirent son existence, étendirent son commerce, assurèrent sa victoire, et lui ouvrirent les plus vastes perspectives sur le continent américain. Ces deux traités, où furent introduites les dispositions les plus libérales; où le droit d'aubaine, qui rendait la propriété immobilière incomplète pour les étrangers dans chaque pays, fut aboli; où la liberté des mers fut consacrée par la solennelle admission du droit des neutres que les Anglais ne respectaient point, et par la condamnation des blocus fictifs et du droit de visite que les Anglais avaient établis dans leur code maritime pour la commodité de leur domination ; où la France se fit la protectrice des Américains dans la Méditerranée contre les Barbaresques, comme elle le devint dans l'Océan contre les Anglais ; où les deux parties contractantes se promirent de ne pas déposer les armes avant que l'indépendance américaine fût reconnue, et de ne pas traiter l'une sans l'autre ; ces deux traités, où les intérêts mutuels furent avoués avec franchise, réglés avec équité, et soutenus jusqu'au bout avec une persévérante bonne foi, firent le plus grand honneur à Franklin. On peut dire que le principal négociateur de l'Amérique contribua à la sauver tout autant que son plus vaillant capitaine : il fut alors au comble du bonheur et de la renommée.

Aussi, lorsque M. de Vergennes le présenta à Louis XVI dans le château de Versailles, il y fut l'objet d'une véritable ovation, jusque parmi les courtisans. Il parut à cette royale audience avec une extrême simplicité de vêtements. Son âge, sa gloire, ses services, l'alliance si souhaitée qu'il venait de conclure, avaient attiré une grande foule dans les vastes galeries du palais de Louis XIV. On battit des mains sur son passage, saisi qu'on était d'un sentiment de respect et d'admiration à la vue de ce vieillard vénérable, de ce savant illustre, de ce patriote heureux. Le roi l'accueillit avec une distinction cordiale. Il le chargea d'assurer les États-Unis d'Amérique de son amitié, et, le félicitant lui-même de tout ce qu'il avait fait depuis qu'il était arrivé dans son royaume, il lui en exprima son entière satisfaction. Au retour de cette audience, la foule accueillit Franklin avec les mêmes manifestations, et lui servit longtemps de cortége.

L'enthousiasme dont il fut l'objet à Versailles se renouvela bientôt pour lui à Paris. Ce fut sur ces entrefaites que Voltaire, âgé de quatre-vingt-quatre ans, quitta Ferney, et revint, avant de mourir, dans cette ville où dominaient alors ses disciples, et où il ne rencontra plus d'adversaires de son génie et d'envieux de sa gloire. Tout le monde voulut voir ce grand homme, applaudir l'auteur de tant de chefs-d'œuvre, s'incliner devant le souverain intellectuel qui gouvernait l'esprit humain en Europe depuis cinquante ans. Franklin ne fut pas des derniers à visiter Voltaire, qui le reçut avec les sentiments de curiosité et d'admiration qui l'attiraient vers lui. Il l'entretint d'abord en anglais; et comme il avait perdu l'habitude de cette langue, il reprit la conversation en français, et lui dit avec une grâce spirituelle : *Je n'ai pu résister au désir de parler un moment la langue de M. Franklin.* Le sage de Philadelphie, présentant alors son petit-fils au patriarche de Ferney, lui demanda de le bénir : *God and liberty*, Dieu et la liberté, dit Voltaire en levant les mains sur la tête du jeune homme, voilà la seule bénédiction qui convienne au petit-fils de M. Franklin. »

Peu de temps après, ils se rencontrèrent encore à la séance publique de l'Académie des sciences, et se placèrent à côté l'un de l'autre. Le public contemplait avec émotion ces deux glorieux vieillards qui avaient surpris les secrets de la nature, jeté tant d'éclat sur les lettres, rendu de si grands services à la raison humaine, assuré l'affranchissement des esprits et commencé l'émancipation des peuples. Cédant eux-mêmes à l'irrésistible émotion de l'assemblée, ils s'embrassèrent au bruit prolongé des applaudissements universels. On dit alors, en faisant allusion aux récents travaux législatifs de Franklin et aux derniers succès dramatiques de Voltaire, que *c'était Solon qui embrassait Sophocle*; c'était plutôt le génie brillant et rénovateur de l'ancien monde qui embrassait le génie simple et entreprenant du nouveau.

CHAPITRE XII

Tentatives de réconciliation faites auprès de Franklin par le gouvernement anglais. — Bills présentés par lord North et votés par le gouvernement britannique. — Ils sont refusés en Amérique. — Diversion que la guerre contre l'Angleterre de la part de la France, de l'Espagne et de la Hollande, amène en faveur des États-Unis. — Succès des alliés. — Démarches et influence de Franklin. — Expédition française conduite par Rochambeau, qui, de concert avec Washington, force lord Cornwallis et l'armée anglaise à capituler dans York-Town. — Négociations pour la paix. — Signature par Franklin du traité de 1783, qui consacre l'indépendance des États-Unis, que l'Angleterre est réduite à reconnaître.

L'Angleterre avait été profondément troublée par la capitulation de Saratoga. La conquête des colonies insurgées n'avançait point; le général Howe, réduit à l'impuissance sur la Delaware, demandait à être remplacé; le général Bourgoyne, battu sur l'Hudson, était contraint de se rendre. Au lieu d'opérer l'invasion des États-Unis par le Canada, on avait à craindre de nouveau l'invasion du Canada par les États-Unis. Le ministère, déconcerté dans ses plans et revenu de ses présomptueuses espérances, voyait s'accroître les attaques de l'opposition, qui l'accusait à la fois d'injustice et de témérité, s'envenimer le mécontentement du peuple, qui lui reprochait les charges financières dont il était accablé et la détresse commerciale dont il souffrait. Il redoutait, de plus, que la France et l'Espagne ne se décidassent à embrasser, comme elles le firent, la cause devenue

moins incertaine des États-Unis, et qu'à la guerre
avec les rebelles d'Amérique ne se joignît la guerre
avec les deux puissances maritimes de l'Europe les
plus fortes après la Grande-Bretagne.

Lord North, tout en se livrant aux plus vastes pré-
paratifs militaires pour faire face à toutes les inimitiés, essaya de les conjurer. Il s'adressa d'abord à
Franklin, auquel l'Angleterre croyait le pouvoir
d'apaiser un soulèvement dont elle le considérait
comme le provocateur. Vers les commencements de
janvier 1778, lorsqu'il était en pleine négociation
avec la France, ses vieux amis David Hartley, secrètement attaché à lord North quoique membre whig
de la Chambre des communes, et le chef des Frères
moraves, James Hutton, qui avait ses entrées au
palais de Georges III, furent chargés de lui proposer
une réconciliation. James Hutton vint lui offrir à
Paris les conditions que lord North présenta bientôt
au parlement. Franklin refusa, comme insuffisante,
la restitution des anciens priviléges dont les colonies
auraient été satisfaites avant la guerre, et dont elles
ne pouvaient plus se contenter après leur séparation.
Il leur fallait maintenant l'indépendance. Elles
étaient résolues à ne pas s'en départir, et l'Angleterre n'était point encore prête à la leur accorder.
James Hutton retourna attristé à Londres, d'où il
conjura Franklin de faire à son tour quelque proposition, ou tout au moins de lui donner son avis.
« L'Arioste prétend, répondit Franklin au frère
morave, que toutes les choses perdues sur la terre
doivent se trouver dans la lune; en ce cas, il doit y

avoir une grande quantité de bons avis dans la lune, et il y en a beaucoup des miens formellement donnés et perdus dans cette affaire. Je veux néanmoins, à votre requête, en donner encore un petit, mais sans m'attendre le moins du monde qu'il soit suivi. Il n'y a que Dieu qui puisse donner en même temps un bon conseil et la sagesse pour en faire usage.

« Vous avez perdu par cette détestable guerre, et par la barbarie avec laquelle elle a été poursuivie, non-seulement le gouvernement et le commerce de l'Amérique, mais, ce qui est bien pis, l'estime, le respect, l'affection de tout un grand peuple qui s'élève, qui vous considère à présent, et dont la postérité vous considérera comme la plus méchante nation de la terre. La paix peut sans doute être obtenue, mais en abandonnant toute prétention à nous gouverner. »

Il demandait donc qu'on disgraciât les *loyalistes* américains qui avaient provoqué la guerre, les ministres anglais qui l'avaient déclarée, et les généraux qui l'avaient faite ; qu'on gardât tout au plus le Canada, la Nouvelle-Écosse, les Florides, et qu'on renonçât à tout le reste du territoire de l'Amérique, pour établir une amitié solide avec elle. « Mais, ajoutait-il, je connais votre peuple : il ne verra point l'utilité de pareilles mesures, ne voudra jamais les suivre, et trouvera insolent à moi de les indiquer. »

Ces mesures, que l'Angleterre se vit contrainte d'adopter en grande partie cinq années plus tard, furent remplacées par les *bills conciliatoires* de lord North. Ce ministre proposa au parlement, qui y consentit, de renoncer à imposer des taxes à l'Amérique septentrionale, de retirer toutes les lois promulguées depuis le 10 février 1763, d'accorder aux Américains le droit de nommer leurs gouverneurs et leurs chefs militaires. Des commissaires anglais furent désignés pour offrir à l'Amérique ces bills, que David Hartley envoya le 18 février à Franklin. Les traités avec la France étaient alors signés, et, six jours après leur conclusion, Franklin avait écrit à Hartley : « L'A-mérique a été jetée dans les bras de la France. C'é-tait une fille attachée à ses devoirs et vertueuse. Une cruelle marâtre l'a mise à la porte, l'a diffamée, a menacé sa vie. Tout le monde connaît son inno-cence et prend son parti. Ses amis désiraient la voir honorablement mariée... Je crois qu'elle fera une bonne et utile femme, comme elle a été une excel-lente et honnête fille, et que la famille d'où elle a été si indignement chassée aura un long regret de l'avoir perdue. »

Lorsqu'il connut les bills, il les déclara trop tar-difs, tout à fait inadmissibles, et plus propres à éloi-gner la paix qu'à y conduire. William Pultney se joignit à James Hutton et à David Hartley pour le conjurer d'opérer, entre la métropole et les colonies, un rapprochement qu'ils croyaient dépendre de lui. Franklin leur assura à tous que désormais ce rappro-chement ne pouvait s'effectuer qu'au prix de l'indé-pendance reconnue des États-Unis, et au moyen d'un simple traité d'amitié et de commerce. David Hartley se rendit alors à Paris, pour essayer de rompre l'union redoutable que l'Amérique venait de conclure avec la France. Il y arriva dans la dernière quinzaine d'avril. Il fit à Franklin l'ouverture d'un traité de commerce, où certains avantages seraient concédés à l'Angleterre, avec laquelle l'Amérique s'engagerait de plus dans une alliance défensive et offensive, même contre la France. Franklin répondit que l'Angleterre serait heureuse si on l'admettait, malgré ses torts, à jouir des avantages commerciaux qu'avait obtenus la France ; qu'elle se trompait si elle croyait, en signant la paix avec les Américains, les enchaîner dans une guerre contre la nation généreuse dont ils avaient trouvé l'amitié au moment de leur détresse et de leur oppression, et qu'ils la défendraient en cas d'attaque, comme les y obligeaient le sentiment de la reconnaissance et la foi des traités.

David Hartley, n'ayant pu réussir à ébranler la nouvelle alliance, retourna, le 23 avril, en Angleterre. En quittant Franklin, il lui écrivit : « Ni mes pensées ni mes actes ne manqueront jamais pour pousser à la paix dans un temps ou dans un autre. Votre puissance, à cet égard, est infiniment plus grande que la mienne ; c'est en elle que je place mes dernières espérances. Je finis en vous rappelant que ceux qui procurent la paix sont bénis. » Il semblait craindre pour son vieil ami quelque danger, puisqu'il ajoutait d'une façon mystérieuse : « Les temps orageux vont venir, prenez garde à votre sûreté ; les événements sont incertains, et les hommes mobiles. » Franklin, tout en le remerciant de son affectueuse sollicitude, lui répondit avec une spirituelle tranquillité : « Ayant presque achevé une longue vie, je n'attache pas grand prix à ce qui m'en reste. Comme le marchand de drap qui n'a plus qu'un petit morceau d'une pièce, je suis prêt à dire : Ceci n'étant que le dernier bout, je ne veux pas être difficile avec vous ; prenez-le pour ce qui vous plaira. Peut-être le meilleur parti qu'un vieil homme puisse tirer de lui est de se faire martyr. »

Il eut soin de tenir la cour de France au courant de toutes les tentatives faites auprès de lui, afin qu'aucun nuage ne troublât le bon accord, et qu'aucune incertitude ne dérangeât le concert des deux alliés. M. de Vergennes l'en remercia au nom de Louis XVI : « Le grand art du gouvernement anglais, lui dit-il, est d'exciter toujours les divisions, et c'est par de pareils moyens qu'il espère maintenir son empire. Mais ce n'est ni auprès de vous ni auprès de vos collègues que de semblables artifices peuvent être employés avec succès... Au reste, il est impossible de parler avec plus de franchise et de fermeté que vous ne l'avez fait à M. Hartley : il n'a aucune raison d'être satisfait de sa mission. »

M. de Vergennes exprimait la même confiance envers le peuple des États-Unis : il ne se trompait point. Les bills conciliatoires de lord North parvinrent en Amérique plus tôt que les traités avec la France : ils y furent connus vers le milieu d'avril. Washington les jugea insuffisants et inadmissibles, tout comme l'avait fait Franklin ; et le congrès, partageant la pensée des deux plus sensés et plus glorieux soutiens de l'indépendance américaine, les rejeta sans hésitation et à l'unanimité des voix. Il

déclara qu'il n'admettrait aucune proposition de
paix, à moins que l'Angleterre ne retirât ses troupes
et ses flottes, et ne reconnût l'indépendance des
États-Unis. A peine avait-il repoussé les bills, qu'ar-
rivèrent (le 2 mai) les traités; ils causèrent des
transports de joie. L'espérance fut universelle. Le
congrès les ratifia sur-le-champ, et nomma Franklin son ministre auprès de la cour de France, qui,
de son côté, accrédita M. Gérard de Rayneval auprès du gouvernement des États-Unis. Dans la noble
effusion de sa reconnaissance, le congrès écrivit à
ses commissaires : « Nous admirons la sagesse et
la vraie dignité de la cour de France, qui éclatent
dans la conclusion et la ratification des traités faits
avec nous. Elles tendent puissamment à faire dispa-
raître cet esprit étroit dans lequel le genre humain
a été assez malheureux pour s'entretenir jusqu'à ce
jour. Ces traités montrent la politique inspirée par
la philosophie, et fondent l'harmonie des affections
sur la base des intérêts mutuels. La France nous a
liés plus fortement par là que par aucun traité réservé,
et cet acte noble et généreux a établi entre nous une
éternelle amitié. »

Cette étroite union ne pouvant être ébranlée, il
fallait essayer de la vaincre. L'Angleterre poursuivit
donc la guerre avec l'Amérique, et la commença
avec la France. La France s'y attendait et s'y était
préparée. Grâce au patriotisme d'un grand ministre,
sa marine, si faible et si humiliée dans la guerre de
Sept ans, s'était rétablie et relevée. Le duc de Choi-
seul y avait appliqué son génie prévoyant, et, avec

une fierté toute nationale, il avait commencé, sous
les dernières années de Louis XV, la restauration
maritime de la France, que les ministres de Louis XVI
avaient soigneusement continuée, surtout depuis
les désaccords qui avaient éclaté entre les colonies
américaines et leur métropole.

Des flottes étaient réunies dans les principales
rades ; des vaisseaux étaient en construction sur
tous les chantiers. A leur bravoure ordinaire, nos
marins joignaient une instruction supérieure et une
grande habileté de manœuvres. Aussi les vit-on durant cinq années, sous les d'Orvilliers, les d'Estaing,
les de Grasse, les Guichen, les Lamotte-Piquet, les
Suffren, etc., affronter résolûment et combattre sans
désavantage les flottes anglaises sur toutes les mers,
dominer dans la Méditerranée, balancer la fortune
dans l'Océan, résister héroïquement dans l'Inde, et
réussir en Amérique. Belle et patriotique prévoyance qui permit à Louis XVI d'entreprendre avec
hardiesse, de poursuivre avec constance, d'exécuter
avec bonheur une des choses les plus grandes et les
plus glorieuses de notre histoire !

Le premier effet de son intervention en Amérique
fut d'amener l'évacuation de la Pensylvanie par les
Anglais. Tandis que le comte d'Orvilliers livrait la
mémorable bataille navale d'Ouessant à l'amiral
Keppel, dont l'escadre, maltraitée, prenait le large,
le comte d'Estaing s'avançait vers l'Amérique avec
une flotte de douze vaisseaux de ligne et de quatre
frégates, pour aller, sur le conseil de Franklin, bloquer l'amiral Howe dans la Delaware, et enfermer

dans Philadelphie sir Henri Clinton, qui avait succédé au commandement militaire du général Howe.
Mais la flotte et l'armée anglaises avaient échappé
au péril en quittant ces parages. L'une avait reçu
l'ordre de transporter cinq mille hommes dans la
Floride pour protéger cette province, et l'autre avait
opéré sa retraite sur New-York. Lorsque le comte
d'Estaing arriva, il ne trouva plus ceux qu'il venait
surprendre; la crainte seule de son approche avait
fait reculer l'invasion anglaise.

Washington, fidèle à son plan d'une entreprenante
défensive, harcela Clinton dans sa marche sur New-
York, repassa la Delaware après lui, l'attaqua avec
avantage à Montmouth dans le New-Jersey, se porta
de nouveau du côté oriental de l'Hudson ; et lorsque
les Anglais, revenant presque à leur point de départ,
se furent renfermés dans cette ville, il prit, à peu de
distance de leur quartier général, de fortes positions
d'où il put surveiller leurs mouvements et s'opposer
à leurs entreprises. Il forma une ligne de cantonnements autour de New-York, depuis le détroit de
Long-Island jusqu'aux bords de la Delaware.

Les Anglais ne furent point expulsés du territoire
américain dans cette campagne, mais ils perdirent
une grande partie de ce qu'ils y avaient conquis.
Dans la campagne suivante, ils eurent à combattre
un nouvel ennemi. L'Espagne, après un impuissant
essai de médiation, se joignit à la France dans l'été
de 1779 (juin), et fut secondée bientôt par la Hollande, que l'Angleterre attaqua en 1780, parce
qu'elle s'était montrée commercialement favorable

aux *insurgents* en 1778. L'appui des trois principales puissances maritimes de l'Europe, et la neutralité armée conclue vers ce temps (juillet et août 1780) entre la Russie, le Danemark, la Suède, contre les théories et les pratiques oppressives des anciens maîtres de la mer, furent pour les États-Unis une diversion puissante et un heureux encouragement.

L'Angleterre se vit obligée de disperser ses forces dans toutes les régions du monde. Elle eut à se défendre dans la Méditerranée, où les Français et les Espagnols lui reprirent Minorque et tentèrent de lui enlever Gibraltar; vers les côtes d'Afrique, où elle perdit tous ses forts et tous ses établissements sur le Sénégal; aux Indes, où après s'être emparée tout d'abord de Pondichéry, de Chandernagor, de Mahé, elle fut privée de Gondelour et eut à combattre le redoutable Hyder-Aly et l'héroïque bailli de Suffren; en Amérique, où les Français, qu'elle avait dépouillés des îles de Saint-Pierre, de Miquelon et de Sainte-Lucie, conquirent sur elle la Dominique, Saint-Vincent, la Grenade, Tabago, Saint-Christophe, Nevis, Montserrat, et où les Espagnols se rendirent maîtres de là Mobile et soumirent la Floride occidentale avec la ville de Pensacola, qu'ils avaient cédée dans la paix du 10 février 1763. Malgré la coalition ouverte ou secrète du monde contre sa puissance, cette fière et énergique nation tint ferme sur toutes les mers, fit face à toutes les inimitiés, et ne renonça point à dompter et à punir ses colonies révoltées.

Seulement, elle changea son plan d'attaque. Sir Henri Clinton avait vainement essayé de reprendre les anciens desseins du général Howe en se rendant maître de tout le cours de l'Hudson ; il avait rencontré la résistance victorieuse de Washington, qui l'avait réduit à l'inaction dans New-York. Mais, tandis que le général américain, toujours posté avec son armée dans des positions qu'il rendait imprenables, défendait l'accès intérieur du pays, les Anglais se décidèrent à ravager ses côtes et à porter la ruine là où ils ne pouvaient plus opérer la conquête. Des corps considérables, détachés de l'armée centrale de New-York, allèrent sur des flottilles dévaster les rivages des deux Carolines, de la Virginie, de la Pensylvanie, de New-Jersey, de New-York, de la Nouvelle-Angleterre. Les villes de Portsmouth, de Suffolk, de New-Haven, de Farifiel, de Norwalk, de Charlestown, de Falmouth, de Norfolk, de Kingston, de Bedford, de Egg-Harbourg, de Germanflatts, furent saccagées et brûlées. De plus, sir Henri Clinton, ayant reçu des renforts d'Europe, reprit le projet d'invasion, non plus par le centre des États-Unis, où Washington l'avait fait échouer jusque-là, mais par son extrémité méridionale, où il devait rencontrer moins d'obstacle. Il alla joindre, dans le sud, lord Cornwallis, qui se rendit assez promptement maître des deux Carolines.

Il importait que la France, dont les flottes avaient paru plus qu'elles n'avaient agi sur les côtes américaines, vînt au secours des États-Unis d'une manière efficace. Le général la Fayette, qu'une amitié étroite avait promptement lié à Washington, qui avait acquis la confiance du congrès par la générosité de son dévouement et la brillante utilité de ses services, se rendit en Europe pour se concerter avec Franklin et solliciter, d'accord avec lui, cette assistance devenue nécessaire. Le plénipotentiaire américain n'avait pas négligé les intérêts de son pays, et, afin de préparer sa victoire, il avait soigneusement entretenu l'union entre lui et ses alliés. Il avait repoussé les offres d'une trêve de sept ans, que lord North lui avait proposée par l'entremise de David Hartley, dans l'espoir de séparer l'Amérique de la France et de les accabler tour à tour en les attaquant à part. Il avait demandé que la trêve équivalût à la paix par une durée de trente ans et qu'elle fût générale : c'était déjouer les desseins secrets de l'Angleterre, qui n'insista point. Après avoir obtenu de la cour de Versailles des secours considérables d'argent, qui s'élevèrent à trois millions pour 1778, à un seulement pour 1779, à quatre pour 1780, à quatre aussi pour 1781, indépendamment de la garantie d'un emprunt de cinq millions de florins contracté par les États-Unis en Hollande, Franklin obtint encore l'envoi d'une flotte conduite par le chevalier de Ternay, et d'une petite armée que commanda le comte de Rochambeau, placé sous les ordres directs du général Washington.

Avant que la Fayette retournât en Amérique, Franklin fut chargé de remettre une épée d'honneur à ce jeune et vaillant défenseur des États-Unis. Il la lui envoya au Havre par son petit-fils, en lui adressant une lettre dans laquelle il lui exprimait, avec le tour d'esprit le plus délicat, la plus flatteuse des gratitudes : « Monsieur, lui disait-il, le congrès, qui apprécie les services que vous avez rendus aux États-Unis, mais qui ne saurait les récompenser dignement, a résolu de vous offrir une épée, faible marque de sa reconnaissance. Il a ordonné qu'elle fût ornée de devises convenables; quelques-unes des principales actions de la guerre dans laquelle vous vous êtes distingué par votre bravoure et votre conduite y sont représentées; elles en forment, avec quelques figures allégoriques, toutes admirablement exécutées, la principale valeur. Grâce aux excellents artistes que présente la France, je vois qu'il est facile de tout exprimer, excepté le sentiment que nous avons de votre mérite et de nos obligations envers vous. Pour cela, les figures et même les paroles sont insuffisantes. »

Le retour du général la Fayette en Amérique, au mois d'avril 1780, et l'arrivée en juillet du corps expéditionnaire de Rochambeau à Rhode-Island, que sir Henri Clinton avait évacué l'année précédente, n'amenèrent encore rien de décisif dans cette campagne. Rochambeau fut réduit quelque temps à l'inaction dans Newport par une flotte britannique supérieure à la flotte française qui l'avait conduit. Les Anglais, toujours resserrés dans New-York par Washington, ne firent aucun progrès au centre des États, mais ils continuèrent leur marche victorieuse au sud. Cornwallis, après avoir battu à Cambden le général Gates, s'affermit dans les Carolines. Il se disposa à passer dans la Virginie, qu'Arnold, devenu traître à son pays et infidèle à sa gloire, ravageait avec une flottille et une troupe anglaises, en remontant la Chesapeake et le Potomak. Il s'y transporta en effet l'année suivante, prit possession des deux villes d'York-Town et de Gloucester, où il se fortifia avec l'intention d'étendre de plus en plus du midi au nord la conquête anglaise. Mais le général Washington, qui avait opposé la Fayette à Arnold, Green à Cornwallis, combina bientôt une grande opération qui couronna la campagne de 1781 par une mémorable victoire, et mit fin à la guerre.

Pour en fournir les moyens à Washington, Franklin, à qui avait été envoyé par le congrès le colonel John Laurens, afin qu'il obtînt de la cour de Versailles de plus grands secours en argent, en hommes et en vaisseaux, s'était adressé à M. de Vergennes avec les instances les plus vives et les raisons les plus hautes. A la suite d'une violente et longue attaque de goutte, il lui avait écrit : « Ma vieillesse s'accroît : je me sens affaibli, et il est probable que je n'aurai pas longtemps à m'occuper de ces affaires. C'est pourquoi je saisis cette occasion de dire à Votre Excellence que les conjonctures présentes sont extrêmement critiques. Si l'on souffre que les Anglais recouvrent ce pays, l'opportunité d'une séparation effective ne se présentera plus dans le cours des âges ; la possession de contrées si vastes et si fertiles, et de côtes si étendues, leur donnera une base tellement forte pour leur future grandeur, par le rapide accroissement de leur commerce et l'augmentation de leurs matelots et de leurs soldats, qu'il deviendront la *terreur de l'Europe* et qu'ils

exerceront avec impunité l'insolence qui est naturelle à leur nation. » M. de Vergennes partagea le
sentiment de Franklin, et Louis XVI accéda à ses
demandes. Une somme de six millions de livres fut
mise à la disposition de Washington; des munitions, des armes et des effets d'habillement pour
vingt mille hommes furent expédiés en Amérique,
et le comte de Grasse reçut l'ordre de s'y rendre avec
une flotte de vingt-six vaisseaux de ligne, de plusieurs frégates, et une nouvelle troupe de débarquement.

Quant à Franklin, ébranlé par sa dernière indis-
position, et craignant de ne plus mettre au service
de son pays qu'un esprit fatigué et une activité ra-
lentie, il demanda au congrès de lui accorder un
successeur. « J'ai passé ma soixante et quinzième
année, écrivait-il au président de cette assemblée, et
je trouve que la longue et sévère attaque de goutte
que j'ai eue l'hiver dernier m'a excessivement abattu.
Je n'ai pas encore recouvré entièrement les forces
corporelles dont je jouissais auparavant. Je ne sais
pas si mes facultés mentales en sont diminuées, je
serais probablement le dernier à m'en apercevoir;
mais je sens mon activité fort décrue, et c'est une
qualité que je regarde comme particulièrement nécessaire à votre ministre auprès de cette cour... J'ai
été engagé dans les affaires publiques, et j'ai joui
de la confiance de mon pays dans cet emploi ou dans
d'autres, durant le long espace de cinquante ans.
C'est un honneur qui suffit à satisfaire une ambition
raisonnable; et aujourd'hui il ne m'en reste pas

d'autre que celle du repos, dont je désire que le congrès veuille bien me gratifier en envoyant quelqu'un à ma place. Je le prie en même temps d'être bien assuré qu'aucun doute sur le succès de notre glorieuse cause, qu'aucun dégoût éprouvé à son service, ne m'a induit à résigner mes fonctions. Je n'ai pas d'autres raisons que celles que j'ai données. Je me propose de rester ici jusqu'à la fin de la guerre, qui durera peut-être au delà de ce qui me reste de vie ; et si j'ai acquis quelque expérience propre à servir mon successeur, je la lui communiquerai librement et je l'assisterai, soit de l'influence qu'on me suppose, soit des conseils qu'il pourra désirer de moi. »

Mais le congrès n'eut garde de priver la cause américaine d'un serviteur si grand et si utile encore. John Jay, qui était accrédité auprès de la cour d'Espagne, comme John Adams auprès des Provinces-Unies de Hollande, avait écrit de Madrid au congrès, en se louant de l'assistance qu'il avait reçue du docteur Franklin : « Son caractère est ici en grande vénération, et je crois sincèrement que le respect qu'il a inspiré à toute l'Europe a été d'une utilité générale à notre cause et à notre pays. » Le congrès n'accéda donc point à son vœu. Il espérait que des conférences allaient s'ouvrir sous la médiation de l'Autriche et de la Russie, et son président lui répondit en lui annonçant qu'il avait été désigné pour les conduire, avec John Jay, John Adams, Henri Laurens et Thomas Jefferson. « Vous retirer du service public dans cette conjoncture aurait des inconvénients, car le désir du congrès est de recourir à votre habileté et à votre expérience dans cette prochaine négociation. Vous trouverez le repos qui vous est nécessaire après avoir rendu ce dernier service aux États-Unis. » Le secrétaire des affaires étrangères, Robert Livingston, lui exprimait aussi l'espoir « qu'il accepterait la nouvelle charge qui lui était imposée avec de si grands témoignages d'approbation du congrès, pour achever de mener à bien la grande cause dans laquelle il s'était engagé. »

Franklin se rendit. La crise décisive était arrivée. Lorsque le comte de Grasse avait paru dans les eaux de la Chesapeake avec sa puissante flotte, Washington, laissant des troupes suffisantes pour défendre les postes fortifiés de l'Hudson, et trompant sir Henri Clinton sur ses desseins, se porta vivement, réuni à Rochambeau, vers le sud, pour dégager cette partie du territoire américain de l'invasion britannique. Il rejoignit en Virginie la Fayette, qu'avait renforcé le nouveau corps de débarquement, et tous ensemble ils allèrent attaquer dans York-Town lord Cornwallis, jusque-là victorieux. L'armée anglaise, enfermée dans cette place, où elle fut bloquée du côté de la mer par les troupes combinées de la France et de l'Amérique, après avoir perdu ses postes avancés, été chassée de ses redoutes enlevées d'assaut, se vit contrainte de capituler le 19 octobre 1781. Sept mille soldats, sans compter les matelots, se rendirent prisonniers de guerre. La défaite de Cornwallis fut le complément de la défaite de Burgoyne, et Washington acheva à York-Town l'œuvre glorieuse de la délivrance américaine, commencée par le général Gates à Saratoga. La première de ces capitulations avait procuré l'alliance de la France; la seconde donna la paix avec l'Angleterre.

L'Angleterre, en effet, comprit dès ce moment l'inutilité de ses efforts pour reconquérir l'obéissance de l'Amérique. Dans une guerre de six ans elle n'avait pu ni envahir le territoire de ses anciennes colonies par le nord, ni s'y avancer par le centre, et elle s'y trouvait maintenant arrêtée et vaincue au sud. Dépouillée d'une partie de ses possessions par la France, l'Espagne et la Hollande, qui menaçaient de lui en enlever d'autres; attaquée dans ses principes de domination maritime par la Russie, le Danemark, la Suède, l'Autriche et la Prusse qui avaient formé contre elle la ligue de la neutralité armée; affaiblie dans ses ressources, paralysée dans son industrie, réduite dans son commerce, atteinte dans son orgueil, elle songea sérieusement à reconnaître l'indépendance de ces colonies, dont, sept années auparavant, elle n'avait pas consenti à supporter les priviléges. Le ministère de lord North, qui avait refusé naguère la médiation de la Russie et de l'Autriche, essaya, avant de succomber sous ses fautes politiques et ses revers militaires, de reprendre les négociations avec Franklin.

Au commencement de janvier 1782, David Hartley pressentit de sa part le docteur son ami sur une paix séparée, dans laquelle l'*indépendance* des États-Unis serait reconnue, mais ne serait pas *dictée et hautainement commandée par la France*. Franklin

ne voulut admettre qu'une paix commune à l'Amérique et à ses alliés. Ce fut en vain que lord North
fit sonder de nouveau, pour des négociations isolées,
les plénipotentiaires américains par M. Digges, et
les ministres du roi de France par M. Fort. Des
deux côtés, avec une habile entente et une égale
bonne foi, on lui répondit qu'on ne consentirait à
traiter que de concert, ou qu'on ne cesserait pas de
combattre ensemble. Du reste, le ministère qui avait
amené la guerre ne pouvait conclure la paix. Cette
œuvre était réservée à un ministère sorti de l'opposition, animé de l'esprit de liberté et armé de sa
puissance. Au mois d'avril 1782, le généreux lord
Shelburne et l'éloquent Charles Fox formèrent, à la
place du cabinet téméraire de lord North, qui venait
de se dissoudre, le cabinet conciliant chargé de ré-
tablir l'harmonie entre l'Angleterre et l'Amérique,
et de pacifier le monde.

Richard Oswald reçut de lord Shelburne l'ordre
de se rendre auprès de Franklin, et d'ouvrir avec
lui les premières négociations. Il lui attesta le désir sincère des nouveaux ministres de conclure la paix
générale, mais sans souffrir qu'on employât des termes capables d'humilier l'Angleterre, car elle aurait
dans ce cas encore assez de passion, de ressource et
de fierté pour reprendre la guerre, et y persister avec
une énergie indomptable. Afin donc que la cour
de Versailles ne parût pas imposer à la cour de
Londres l'indépendance de ses anciennes colonies,
les négociations se poursuivirent séparément de la
part des États-Unis et de leurs alliés, mais avec la

sincère résolution de n'agir que de concert et de ne conclure qu'en même temps. Elles furent actives et longues. Les pourparlers préliminaires et les discussions définitives durèrent un an et demi. Il y avait à régler, outre l'indépendance de la nouvelle nation, l'étendue de son territoire, les droits de sa navigation, les lieux de ses pêcheries, les intérêts antérieurement et réciproquement engagés du côté des Américains en Angleterre, du côté des Anglais en Amérique; il y avait de plus à déterminer ce que les alliés garderaient de leurs conquêtes et ce qu'ils en restitueraient à la Grande-Bretagne, pour rentrer eux-mêmes dans les possessions qu'ils avaient perdues. D'un sang-froid patient, d'une fermeté habile, d'une droiture insinuante, Franklin, toujours uni à la France, mena ces négociations, dont il eut la principale conduite, à une conclusion heureuse.

Les articles préliminaires signés par les plénipotentiaires américains avec Richard Oswald, le 30 novembre 1782, le furent par les plénipotentiaires français et espagnols avec Alleyne Fitz-Herbert le 20 janvier, et les plénipotentiaires hollandais le 2 septembre 1783. Ces articles préliminaires, changés en clauses définitives par les traités conclus le même jour (3 septembre 1783) à Versailles et à Paris, assurèrent à la France et à l'Espagne une partie considérable de leurs conquêtes, et à l'Amérique les précieux avantages qui étaient l'objet de son ambition, la cause de son soulèvement, et qui devinrent le prix de sa persévérance et de sa victoire.

Par le traité de Versailles, la France garda Tabago et Sainte-Lucie, dans les Antilles ; ne se dessaisit point des établissements du Sénégal, bien qu'elle récupérât l'île de Gorée en Afrique ; obtint la restitution de Chandernagor, de Mahé, de Pondichéry, avec les promesses d'un territoire plus étendu dans les Indes orientales ; l'Espagne conserva Minorque, qu'elle avait reprise dans la Méditerranée, et la Floride, dont elle s'était emparée en Amérique ; la Hollande, enfin, rentra en possession des colonies qu'elle avait perdues, sauf Negapatnam, qu'elle céda à l'Angleterre. Par le traité de Paris, que Franklin signa avec son vieil et persévérant ami David Hartley, la métropole admit la pleine indépendance et la légitime souveraineté de ses anciennes colonies ; elle leur concéda le droit de pêche sur les bancs de Terre-Neuve, dans le golfe Saint-Laurent et dans tous les lieux où les Américains l'avaient exercé avant leur insurrection. Elle leur reconnut pour limites : à l'est, la rivière Sainte-Croix ; à l'ouest, les rives du Mississipi ; et, au nord, une ligne qui, partie de l'angle de la Nouvelle-Écosse, traversait par le milieu le lac Ontario, le lac Érié, le lac Huron, le lac Supérieur, et aboutissait au lac Woods pour descendre de là jusqu'au Mississipi, dont la navigation leur était garantie.

Le congrès ratifia sans hésitation et sans délai le traité qui faisait des États-Unis une grande nation pour tout le monde. Avant même qu'il fût signé, les hostilités avaient été suspendues, et les troupes françaises étaient retournées en Europe. Après sa conclusion , les forces anglaises évacuèrent New-York, et le congrès licencia l'armée américaine. En se séparant de ses soldats, auxquels il avait communiqué son héroïque constance et sa patriotique abnégation, qui avaient accompli par huit ans de travaux, de souffrances, de victoires , la magnifique tâche de la délivrance de leur pays, Washington vit les larmes couler de leurs yeux, et son noble visage en fut ému. Il leur fit de mâles et touchants adieux. Se rendant ensuite au milieu du congrès, il déposa le commandement militaire dont il avait été investi, et qu'il avait si utilement et si glorieusement exercé. « Bien des hommes, lui dit le président de cette assemblée, ont rendu d'éminents services pour lesquels ils ont mérité les remercîments du public. Mais vous, Monsieur, une louange particulière vous est due ; vos services ont essentiellement contribué à conquérir et à fonder la liberté et l'indépendance de votre pays ; ils ont droit à toute la reconnaissance d'une nation libre. » Le congrès décida unanimement qu'une statue équestre lui serait érigée dans la ville qui servirait de siége au gouvernement, et qui prit elle-même son nom. Après avoir sauvé sa patrie, Washington retourna avec la simplicité d'un ancien Romain dans sa terre de Mont-Vernon, où il présida lui-même à la culture de ses champs, et vécut comme le plus désintéressé des citoyens et le plus modeste des grands hommes.

Quant à Franklin, après avoir consolidé la libre existence de son pays par le traité de Paris, il en étendit et en régularisa les relations commerciales

dans divers pays de l'Europe. Ou seul, ou associé à
Adams, à Jay et à Jefferson, il conclut des traités de
commerce avec la Suède et la Prusse, en négocia
avec le Portugal, le Danemark et l'Empire. En
même temps qu'il agissait en patriote, il vivait en
sage. Il pratiquait toujours les vertus fortes et aima-
bles qu'il s'était données dans sa jeunesse. Dispo-
sant de lui-même au milieu des plus nombreuses
affaires, ne paraissant jamais soucieux lorsqu'il portait le poids des plus graves préoccupations, il avait
son temps libre pour ceux qui voulaient le voir, il
conservait sa gaieté spirituelle pour ceux qu'il voulait charmer.

Aussi sa compagnie était recherchée, non comme
la plus illustre, mais comme la plus agréable. Il inspirait à ses amis de la tendresse et du respect, de
l'attrait et de l'admiration : il ne les aimait pas non
plus faiblement. Il éprouvait surtout une vive affection pour madame Helvétius, qu'il appelait *Notre-
Dame-d'Auteuil*, et qui venait toutes les semaines
dîner au moins une fois chez lui à Passy avec sa
petite colonie. Il avait perdu sa femme en 1779 ; et,
malgré ses soixante-seize ans, il proposa à madame
Helvétius, un peu avant la fin de la guerre, de l'é-
pouser. Mais elle avait refusé la main de Turgot, et
elle n'accepta point la sienne. Franklin lui écrivit
alors une lettre qui est un modèle d'esprit et de
grâce :

« Chagriné, lui dit-il, de votre résolution pro-
noncée si fortement hier soir, de rester seule pendant la vie, en l'honneur de votre cher mari, je me

retirai chez moi, je tombai sur mon lit, je me crus mort, et je me trouvai dans les Champs-Élysées.

« On m'a demandé si j'avais envie de voir quelques personnages particuliers.—Menez-moi chez les philosophes. — Il y en a deux qui demeurent ici près, dans ce jardin. Ils sont de très-bons voisins, et très-amis l'un de l'autre. — Qui sont-ils ? — Socrate et Helvétius. — Je les estime prodigieusement tous les deux; mais faites-moi voir premièrement Helvétius, parce que j'entends un peu de français et pas un mot de grec. — Il m'a reçu avec beaucoup de courtoisie, m'ayant connu, disait-il, de caractère, il y a quelque temps. Il m'a demandé mille choses sur la guerre et sur l'état présent de la religion, de la liberté et du gouvernement en France. Vous ne me demandez donc rien de votre amie Madame Helvétius? et cependant elle vous aime encore excessivement, et il n'y a qu'une heure que j'étais chez elle. — Ah! dit-il, vous me faites souvenir de mon ancienne félicité; mais il faut l'oublier pour être heureux ici. Pendant plusieurs années je n'ai pensé qu'à elle, enfin je suis consolé : j'ai pris une autre femme, la plus semblable à elle que je pouvais trouver. Elle n'est pas, c'est vrai, tout à fait si belle, mais elle a autant de bon sens et d'esprit, et elle m'aime infiniment : son étude continuelle est de me plaire. Elle est sortie actuellement chercher le meilleur nectar et ambroisie pour me régaler ce soir. Restez chez moi, et vous la verrez. — J'aperçois, disais-je, que votre ancienne amie est plus fidèle que vous; car plusieurs bons

partis lui ont été offerts, qu'elle a refusés tous. Je
vous confesse que je l'ai aimée, moi, à la folie ;
mais elle était dure à mon égard, et m'a rejeté absolument, pour l'amour de vous. — Je vous plains,
dit-il, de votre malheur ; car vraiment c'est une
bonne femme et bien aimable... — A ces mots, en-
trait la nouvelle Madame Helvétius ; à l'instant je
l'ai reconnue pour Madame Franklin, mon ancienne
amie américaine. Je l'ai réclamée ; mais elle me disait froidement : « J'ai été votre bonne femme qua-
rante-neuf années et quatre mois, presque un demi-
siècle. Soyez content de cela. J'ai formé ici une con-
nexion qui durera l'éternité. » Mécontent de ce refus
de mon Eurydice, j'ai pris tout de suite la résolution
de quitter ces ombres ingrates, et de revenir en ce
bon monde revoir ce soleil et vous. Me voici ; ven-
gons-nous. »

Mais il lui fallut bientôt quitter madame Helvétius, et avec elle son agréable demeure de Passy, et
cette France où il avait tant d'admirateurs et tant
d'amis. Son pays avait encore besoin de lui. Après
la paix de 1783, la fédération américaine était près
de se dissoudre, et les États particuliers, par un
excès d'indépendance, semblaient sur le point de
perdre la république, qu'on avait eu tant de peine à
fonder. La présence de Franklin, qui avait enfin obtenu d'être remplacé par M. Jefferson, comme ministre près la cour de Versailles, était nécessaire en
Amérique pour arrêter une désunion menaçant de
devenir fatale. « Il faut absolument, disait Jefferson,
que ce grand homme retourne en Amérique. S'il

mourait, j'y ferais transporter sa cendre; son cer-
cueil réunirait encore tous les partis. » Franklin,
après avoir si habilement développé la civilisation de
son pays, si puissamment contribué à l'établissement de son indépendance, avait à consolider son
avenir en fortifiant sa constitution.

CHAPITRE XIII

Faiblesse des gouvernements fédératifs. — Nécessité de fortifier l'Union américaine. — Retour de Franklin à Philadelphie. — Admiration et reconnaissance qu'il excite. — Sa présidence de l'État de Pensylvanie. — Sa nomination à la convention chargée de réviser le pacte fédéral et de donner aux États-Unis leur constitution définitive. — Sa retraite. — Sa mort. — Deuil public en Amérique et en France. — Conclusion.

Les républiques démocratiques sont exposées à deux dangers : à la précipitation des volontés, et à la lenteur des actes. L'autorité législative y est ordinairement trop prompte, et l'autorité exécutive trop faible, parce qu'elles concentrent l'une et divisent l'autre : de là trop fréquemment la violence de la loi et l'impuissance du gouvernement. A cette double imperfection des républiques démocratiques s'en joint une autre pour les républiques fédératives.

Composées d'États divers, juxtaposés plus qu'unis, se rapprochant par quelques intérêts généraux, se séparant par de nombreux intérêts particuliers, celles-ci forment une agrégation de petits gouvernements dont le lien est débile, l'accord rare, l'action commune ou incertaine, ou insuffisante, ou tardive. La faiblesse du gouvernement central est le vice des fédérations. Cette faiblesse avait été jusque-là visible dans l'histoire. Elle avait fait promptement périr les fédérations informes essayées chez les peuples

anciens. Elle avait condamné ou aux divisions ou à
l'impuissance toutes les fédérations modernes : et
l'Empire d'Allemagne, comprenant des souveraine-
tés de diverse nature et de diverses dimensions; et
la Ligue helvétique, dans laquelle entraient des cantons différents d'origine, d'organisation, de culte et
de grandeur; et la république des Provinces-Unies
des Pays-Bas, où des territoires sans proportion
d'étendue, et des villes sans égalité d'importance,
s'étaient rapprochés pour se soustraire à la tyrannie,
croire, vivre et se gouverner en liberté.

La fédération des États-Unis semblait exposée au
même péril par la même faiblesse. Elle avait été mal
organisée ; le congrès y formait le seul pouvoir central. Dès le début de la guerre, malgré le danger
commun et l'enthousiasme universel, la débilité de
ce pouvoir s'était montrée. Il n'exerçait qu'une action morale sur les États particuliers, auprès desquels il avait le droit de requête et non de commandement. Washington en avait souffert, et s'en était
plaint. « Notre système politique, avait-il écrit en
1778, peut être comparé au mécanisme d'une hor-
loge, et nous devrions en tirer une leçon. Il n'y aurait aucun avantage à maintenir les petites roues en
état, si l'on négligeait la grande roue qui est le point
d'appui et le premier moteur de toute la machine....
On n'a pas besoin, suivant moi, de l'esprit de pro-
phétie pour prédire les conséquences de l'administration actuelle, et pour annoncer que tout le travail
que font les États en composant individuellement des
constitutions, en décrétant des lois et en confiant

les emplois à leurs hommes les plus habiles, n'aboutira pas à grand'chose. Si le grand ensemble est mal dirigé, tous les détails seront enveloppés dans le naufrage général, et nous aurons le remords de nous être perdus par notre propre folie et notre négligence. »

Après la conclusion de la paix, le mal avait empiré, l'autorité du congrès était devenue encore plus impuissante. Les États se séparaient en quelque sorte de l'*Union*, et les partis divisaient les États. La république, ébranlée dans son organisation, était menacée dans son existence. C'est pendant qu'elle tombait ainsi en dissolution que Franklin vint lui apporter les secours de son bon sens et les recommandations de son patriotisme. Il avait soixante-dix-neuf ans lorsqu'il quitta la France.

Une maladie cruelle, la pierre, le tourmentait de ses pesantes douleurs. Il ne put aller prendre congé du roi à Versailles; il écrivit à M. de Vergennes : « Je vous demande de m'accorder la grâce d'exprimer respectueusement à Sa Majesté, pour moi, le sentiment profond que j'ai de tous les inestimables bienfaits que sa bonté a accordés à mon pays. Ce sentiment ne remplira pas d'un faible souvenir ce qui me reste de vie, et il sera aussi profondément gravé dans le cœur de tous mes concitoyens. Mes sincères prières s'adressent à Dieu pour qu'il répande toutes ses bénédictions sur le roi, sur la reine, sur leurs enfants et sur toute la famille royale, jusqu'aux dernières générations. »

Le regret que son départ inspira fut vif et universel. Une litière de la reine vint le chercher à Passy, pour le transporter plus doucement au Havre. Il se sépara, les larmes aux yeux, de ses chers amis de France, et surtout de madame Helvétius, qu'il n'espérait plus revoir dans cette vie, et à laquelle il écrivait quelque temps après, des bords du rivage américain, avec l'effusion d'une haute et touchante tendresse : « J'étends les bras vers vous, malgré l'immensité des mers qui nous séparent, en attendant le baiser céleste que j'espère fermement vous donner un jour. »

Parti du Havre avec ses deux petits-fils le 28 juillet 1785, il arriva le 14 septembre au-dessous de Gloucester-Point, en vue de Philadelphie. En touchant la terre d'Amérique, il écrivit, comme dernières paroles, sur son journal : « Mille actions de grâces à Dieu pour toutes ses bontés ! » Il fut reçu par les acclamations de la foule, au son des cloches, au milieu des bénédictions d'un peuple qu'il avait aidé à devenir libre. En annonçant son heureux retour, le ministre de France écrivait à M. de Vergennes : « La longue absence de M. Franklin, les services qu'il a rendus, la modération et la sagesse de sa conduite en France lui ont mérité les applaudissements et le respect de ses concitoyens..... On ne balance pas à mettre son nom à côté de celui du général Washington. Toutes les gazettes l'annoncent avec emphase. On l'appelle le soutien de l'indépendance et du bonheur de l'Amérique, et l'on est persuadé que son nom fera à jamais la gloire des Américains. Un membre du congrès m'a dit, à cette oc-

casion, que M. Franklin avait été particulièrement
destiné par la Providence à la place qu'il a remplie
avec tant de distinction. » Franklin recueillait le
prix de soixante ans de vertus et de services.

Tout d'abord élu membre du conseil exécutif suprême de Philadelphie, il fut bientôt nommé président de l'État de Pensylvanie. L'ancienne colonie
dont il était la lumière et la gloire le choisit ensuite
pour son représentant dans la célèbre *convention*
de 1787, présidée par Washington, et chargée de
reviser la constitution fédérale. Les hommes admirables qui composèrent cette assemblée préservèrent
leur pays d'une décomposition imminente. Au-dessus des préjugés comme des faiblesses démocratiques, pleins de vertu et de prévoyance, ils firent,
avec un patriotisme savant, une république qui put
durer, et une fédération qui put agir. Ils donnèrent à
l'Amérique la constitution qui la régit encore. Cette
constitution divisa le pouvoir législatif entre une
chambre des représentants élue tous les deux ans par
le peuple, et un sénat renouvelé tous les six ans par
les législatures des États; elle réunit le pouvoir exécutif pour quatre ans au moins dans les mains d'un
président de la république sorti du vœu national,
mais par la voie laborieuse et éclairée du suffrage in-
direct; elle établit enfin une force centrale capable de
lier solidement les États sans les assujettir, en su-
bordonnant, dans les choses d'intérêt commun, leur
souveraineté particulière à la souveraineté générale.
Pour la première fois on fonda une fédération vigoureuse qui eut son chef, ses assemblées, ses lois, ses

tribunaux, ses troupes, ses finances, et qui put maintenir en corps de nation non-seulement les treize colonies primitives, mais un grand nombre d'autres n'ayant ni la même origine, ni le même climat, ni la même organisation, ni le même esprit, et différant aussi bien par les intérêts que par les habitudes.

Franklin adhéra à cette constitution, bien qu'il ne l'approuvât point tout entière. Il penchait pour une seule chambre, et il n'aurait pas voulu que le président fût rééligible. L'unité et la force du pouvoir lui convenaient cependant. « Quoiqu'il règne parmi nous, écrivait-il, une crainte générale de donner trop de pouvoir à ceux qui seront chargés de nous gouverner, je crois que nous courons plutôt le danger d'avoir pour eux trop peu d'obéissance. » Sacrifiant avec bonne grâce ses opinions particulières, il disait sagement : « Ayant vécu longtemps, je me suis trouvé plus d'une fois obligé, par de nouveaux renseignements, ou par de plus mûres réflexions, à changer d'opinion, même sur des sujets importants. C'est pour cela que plus je deviens vieux, plus je suis disposé à douter de mon jugement. » Il soumit donc son grand esprit à la règle qui fut donnée à son pays ; et, afin qu'elle acquît plus d'autorité, il demanda et il obtint qu'on ajoutât à la constitution cette formule : *Fait et arrêté d'un consentement unanime.*

La constitution fédérale fut présentée à l'acceptation du peuple, qui l'admit dans les divers États, dont les délégués nommèrent, d'une commune voix, en 1789, Washington président de la république. L'Amérique, sortie de la crise de l'organisation aussi heureusement qu'elle était sortie de la crise de l'indépendance, échappa par sa sagesse aux dangers civils, comme elle avait triomphé par son courage des dangers militaires. Elle se fit gouverner par celui-là même qui l'avait sauvée. Ce grand homme sut diriger l'État avec le ferme bon sens, le patriotique dévouement, la haute prévoyance qu'il avait déployés tour à tour pour le défendre et l'organiser. Se servant à la fois des deux partis qui, sous les noms de *fédéraliste* et de *républicain*, inclinaient, le premier vers une concentration plus forte du pouvoir général, le second vers un grand mouvement démocratique, il en admit les deux chefs dans son conseil, le colonel Hamilton et Thomas Jefferson. Sous sa direction ferme et habile, le peuple des États-Unis adopta des maximes de conduite dont il ne s'est pas départi, et entra dans les voies qu'il ne devait plus abandonner. Pacifique en Europe, entreprenant en Amérique, ne rencontrant aucun ennemi dans le vieux monde, aucun obstacle dans le nouveau, il s'avança avec liberté et avec ardeur vers les vastes destinées que sa position géographique, sa forme fédérale, l'exemple de son indépendance et le progrès de sa civilisation lui réservaient sur cet immense continent.

Franklin en fut heureux. «Je vois avec plaisir, dit-il, que les ressorts de notre grande machine commencent enfin à marcher. Je prie Dieu de bénir et de guider le travail de ses rouages. Si quelque forme

de gouvernement est capable de faire le bonheur
d'une nation, celle que nous avons adoptée promet
de produire cet effet. » Après avoir pris part à la
constitution fédérale, et avoir atteint le terme de sa
présidence de l'État de Pensylvanie, il se regarda
comme quitte envers son pays, et se retira entièrement des affaires à l'âge de quatre-vingt-deux ans.
« J'espère, écrivait-il à son ami le duc de la Rochefoucauld, pendant le peu de jours qui me restent,
pouvoir jouir du repos que j'ai si longtemps désiré. »
Mais ce repos ne fut pas long ni doux. La pierre,
dont il était attaqué depuis 1782, s'était développée
et lui causait des souffrances de plus en plus vives.
Elle le força, dans la dernière année de sa vie, à garder presque constamment le lit et à faire un fréquent
usage de l'opium pour calmer ses douleurs. Elle
n'eut cependant pas le pouvoir de troubler sa sérénité, d'affaiblir sa bienveillance, d'altérer sa gaieté.
« En possession de tout son esprit, dit le docteur
Jones, son médecin, outre la disposition qu'il conservait et la promptitude qu'il montrait à faire le
bien, il se livrait à des plaisanteries et racontait des
anecdotes qui charmaient tous ceux qui l'entendaient. »
Mais en même temps qu'il se mettait au-dessus de
la douleur, il s'élevait à des pensées plus hautes; il
disait, avec une ferme confiance, que tous les maux
de cette vie ne sont qu'une légère piqûre d'épingle
en comparaison du bonheur de notre existence future. Il se réjouissait d'être sur le point d'entrer dans
le séjour de la félicité éternelle; il parlait avec en-

thousiasme « du bonheur de voir le glorieux Père des esprits, dont l'essence est incompréhensible pour l'homme le plus sage du monde, d'admirer ses œuvres dans les mondes les plus élevés, et d'y converser avec les hommes de bien de toutes les parties de l'univers. »

Telles étaient les sublimes contemplations où il se laissait ravir, lorsqu'il fut atteint, au printemps de 1790, d'une pleurésie aiguë qui l'enleva. Trois jours avant sa mort, il fit faire son lit par sa fille, *afin*, disait-il, *de mourir d'une manière plus décente*. Il n'avait que des expressions de reconnaissance pour l'Être suprême, qui, durant sa longue carrière, lui avait accordé tant de faveurs, et il regardait les souffrances qu'il éprouvait comme une faveur de plus pour le détacher de la vie. Il en sortit avec une joie tranquille et une foi confiante, le 17 avril 1790, à onze heures du soir.

Il avait, par son testament, légué une somme aux écoles gratuites, où il avait reçu sa première instruction; une autre, pour rendre la Schuylkill navigable; une autre, aux villes de Boston et de Philadelphie, pour faciliter l'établissement des jeunes apprentis de ces deux villes où il avait été apprenti lui-même; et toutes les créances qu'il n'avait pas recouvrées, à l'hôpital de Philadelphie. Son codicille, dans lequel il réglait l'emploi de cet argent avec une ingénieuse prévoyance, se terminait par cette simple et touchante disposition : « Je donne à mon ami, à l'ami du genre humain, le général Washington, ma belle canne ayant une pomme d'or curieusement travaillée en forme de bonnet de liberté. Si c'était un sceptre, il l'a mérité, et il serait bien placé dans ses mains. »

La mort de Franklin fut une affliction pour les deux mondes. A Philadelphie, tout le peuple se porta à ses funérailles, qui se firent au son lugubre des cloches drapées de noir, et avec les marques du respect universel. Le congrès, exprimant la reconnaissance et les regrets des treize colonies pour ce bienfaiteur plein de génie, pour ce libérateur plein de courage, ordonna un deuil général de deux mois dans toute l'Amérique.

Lorsque la nouvelle de sa mort arriva en France, l'Assemblée constituante était au milieu de ses travaux. Éloquent interprète de la douleur commune, Mirabeau monta à la tribune, le 11 juin, et s'écria : « Franklin est mort ! Il est retourné au sein de la Divinité, le génie qui affranchit l'Amérique et versa sur l'Europe des torrents de lumière ! Le sage que deux mondes réclament, l'homme que se disputent l'histoire des sciences et l'histoire des empires, tenait sans doute un rang élevé dans l'espèce humaine.

« Assez longtemps les cabinets politiques ont notifié la mort de ceux qui ne furent grands que dans leur éloge funèbre ; assez longtemps l'étiquette des cours a proclamé des deuils hypocrites. Les nations ne doivent porter que le deuil de leurs bienfaiteurs ; les représentants des nations ne doivent recommander à leur hommage que les héros de l'humanité.

« Le congrès a ordonné, dans les quatorze États de la confédération, un deuil de deux mois pour la mort de Franklin, et l'Amérique acquitte en ce moment ce tribut de vénération pour l'un des pères de sa constitution. Ne serait-il pas digne de nous, Messieurs, de nous unir à cet acte religieux, de participer à cet hommage rendu, à la face de l'univers, et aux droits de l'homme, et au philosophe qui a le plus contribué à en propager la conquête sur toute la terre? L'antiquité eût élevé des autels à ce vaste et puissant génie, qui, au profit des mortels, embrassant dans sa pensée le ciel et la terre, sut dompter la foudre et les tyrans (1). La France, éclairée et libre, doit du moins un témoignage de souvenir et de regret à l'un des plus grands hommes qui aient jamais servi la philosophie et la liberté.

« Je propose qu'il soit décrété que l'Assemblée nationale portera pendant trois jours le deuil de Benjamin Franklin. »

Cette proposition, appuyée par la Fayette et le duc de la Rochefoucauld, fut adoptée, et la France s'associa au deuil comme à l'admiration de l'Amérique pour ce grand homme.

Tels furent les honneurs rendus à cet homme extraordinaire, qui avait si admirablement rempli la vie et si bien compris la mort. Il regardait l'une comme le perfectionnement de l'autre; et, dès l'âge de vingt-trois ans, il avait fait pour lui, avec des paroles empruntées au métier qu'il exerçait alors, mais

1. Eripuit cœlo fulmen sceptrumque tyrannis.

dans une forme spirituelle, cette épitaphe, où est ins-
crite sa confiance en Dieu et son assurance dans un
avenir meilleur :

CI-GÎT

NOURRITURE POUR LES VERS,

LE CORPS DE

BENJAMIN FRANKLIN,

IMPRIMEUR,

COMME LA COUVERTURE D'UN VIEUX LIVRE

DONT LES FEUILLETS SONT DÉCHIRÉS,

DONT LA RELIURE EST USÉE,

MAIS L'OUVRAGE NE SERA PAS PERDU,

CAR IL REPARAÎTRA, COMME IL LE CROIT,

DANS UNE NOUVELLE ÉDITION,

REVUE ET CORRIGÉE

PAR L'AUTEUR.

Le pauvre ouvrier qui composait cette épitaphe,
après être entré en fugitif dans Philadelphie et y
avoir erré sans ouvrage, y devint le législateur et le
chef de l'État. Indigent, il arriva par le travail à la
richesse; ignorant, il s'éleva par l'étude à la science;
inconnu, il obtint par ses découvertes comme par ses
services, par la grandeur de ses idées et par l'étendue de ses bienfaits, l'admiration de l'Europe et la
reconnaissance de l'Amérique.

Franklin eut tout à la fois le génie et la vertu, le
bonheur et la gloire. Sa vie, constamment heureuse,
est la plus belle justification des lois de la Providence.
Il ne fut pas seulement grand, il fut bon; il ne fut
pas seulement juste, il fut aimable. Sans cesse utile
aux autres, d'une sérénité inaltérable, enjoué, gra-
cieux, il attirait par les charmes de son caractère, et

captivait par les agréments de son esprit. Personne ne contait mieux que lui. Quoique parfaitement naturel, il donnait toujours à sa pensée une forme ingénieuse, et à sa phrase un tour saisissant. Il parlait comme la sagesse antique, à laquelle s'ajoutait la délicatesse moderne. Jamais morose, ni impatient, ni emporté, il appelait la mauvaise humeur la *malpropreté de l'âme*, et disait que *la vraie politesse envers les hommes doit être la bienveillance*. Son adage favori était que *la noblesse était dans la vertu*. Cette noblesse, qu'il aida les autres à acquérir par ses livres, il la montra lui-même dans sa conduite. Il s'enrichit avec honnêteté, il se servit de sa richesse avec bienfaisance, il négocia avec droiture, il travailla avec dévouement à la liberté de son pays et aux progrès du genre humain.

Sage plein d'indulgence, grand homme plein de simplicité, tant qu'on cultivera la science, qu'on admirera le génie, qu'on goûtera l'esprit, qu'on honorera la vertu, qu'on voudra la liberté, sa mémoire sera l'une des plus respectées et des plus chéries. Puisse-t-il être utile encore par ses exemples après l'avoir été par ses actions ! L'un des bienfaiteurs de l'humanité, qu'il reste un de ses modèles !

FIN DE LA VIE DE FRANKLIN

LA SCIENCE

DU

BONHOMME RICHARD

OU LE CHEMIN DE LA FORTUNE

Tel qu'il est clairement indiqué dans un vieil almanach de Pensylvanie,
intitulé : L'ALMANACH DU BONHOMME RICHARD.

AMI LECTEUR,

J'ai ouï dire que rien ne fait tant de plaisir à un auteur que de voir ses ouvrages cités par d'autres avec respect. Juge d'après cela combien je dus être content de l'aventure que je vais te raconter.

J'arrêtai dernièrement mon cheval dans un endroit où il y avait beaucoup de monde assemblé pour une vente à l'enchère. L'heure n'étant pas encore venue, l'on causait de la dureté des temps. Quelqu'un, s'adressant à un bon vieillard en cheveux blancs et assez bien mis, lui dit : « Et vous, père Abraham, que pensez-vous de ce temps-ci? Ces lourds impôts ne vont-ils pas tout à fait ruiner le pays? Comment ferons-nous pour les payer? Que nous conseilleriez-vous? » — Le père Abraham attendit un instant, puis répondit : « Si vous voulez avoir mon avis, je vais vous le donner en peu de mots, car *un mot suffit au sage,* comme dit le bonhomme Richard. » Chacun le priant de s'expliquer, l'on fit cercle autour de lui, et il poursuivit en ces termes :

« Mes amis, les impôts sont, en vérité, très-lourds, et pourtant, si ceux du gouvernement étaient les seuls à payer, nous pourrions encore nous tirer d'affaire ; mais il y en a bien d'autres et de bien plus onéreux pour quelques-uns de nous. Nous sommes cotés pour le double au moins par notre paresse, pour le triple par notre orgueil, pour le quadruple par notre étourderie, et, pour ces impôts-là, le percepteur ne peut nous obtenir ni diminution ni délai ; cependant tout n'est pas désespéré, si nous sommes gens à suivre un bon conseil : *Aide-toi, le Ciel t'aidera*, dit le bonhomme Richard.

I. « On regarderait comme un gouvernement insupportable celui qui exigerait de ses sujets la dixième partie de leur temps pour son service ; mais la paresse est bien plus exigeante chez la plupart d'entre nous. L'oisiveté, qui amène les maladies, raccourcit beaucoup la vie. *L'oisiveté, comme la rouille, use plus que le travail ; la clef est claire tant que l'on s'en sert*, dit le bonhomme Richard. — *Vous aimez la vie*, dit-il encore : *ne perdez donc pas le temps, car c'est l'étoffe dont la vie est faite*. Combien de temps ne donnons-nous pas au sommeil au delà du nécessaire, oubliant que *renard qui dort ne prend pas de poule*, et que *nous aurons le temps de dormir dans la bière*, comme dit le bonhomme Richard.

« Si le temps est le plus précieux des biens, *la perte du temps*, comme dit le bonhomme Richard, *doit être la plus grande des prodigalités*. Il nous dit ailleurs : *Le temps perdu ne se retrouve plus; — assez de temps est toujours trop court.* Ainsi donc, au travail, et pour cause! de l'activité! et nous ferons davantage avec moins de peine. *L'oisiveté rend tout difficile; le travail rend tout aisé; — celui qui se lève tard traîne tout le jour, et commence à peine son ouvrage à la nuit. — Fainéantise va si lentement, que pauvreté l'atteint tout de suite. — Pousse les affaires, et qu'elles ne te poussent pas. — Se coucher tôt, se lever tôt, donnent santé, richesse et sagesse,* comme dit le bonhomme Richard.

« Et que signifient ces souhaits et cet espoir d'un temps meilleur? Nous ferons le temps meilleur, si nous savons nous remuer nous-mêmes. *Activité n'a que faire de souhaits; qui vit d'espoir mourra de faim; — point de gain sans peine. — Il faut m'aider de mes mains, faute de terres, ou, si j'en ai, elles sont écrasées d'impôts; — un métier est un fonds de terre, une profession est un emploi qui réunit honneur et profit;* mais il faut travailler à son métier et suivre sa profession, sans quoi ni le *fonds,* ni l'*emploi* ne nous mettront en état de payer l'impôt. Si nous sommes laborieux, nous n'aurons pas à craindre la disette; car *la faim regarde à la porte du travailleur; mais elle n'ose pas y entrer.* Les commissaires et les huissiers n'y entreront pas non plus; *car l'activité paye les dettes, tandis que le découragement les augmente.* Il n'est que faire que vous trouviez un trésor ni qu'il vous arrive un riche héritage. *Activité est mère de prospérité, et Dieu ne refuse rien au travail.* Ainsi donc, labourez profondément

pendant que les paresseux dorment, et vous aurez du
blé à vendre et à garder. Travaillez pendant que c'est
aujourd'hui, car vous ne savez pas combien vous en
serez empêché demain. « *Un aujourd'hui* » *vaut deux*
« *demain,* » comme dit le bonhomme Richard ; et encore : *Ne remets jamais à demain ce que tu peux faire
aujourd'hui.* Si vous étiez au service d'un bon maître,
ne seriez-vous pas honteux qu'il vous surprît les bras
croisés? Mais vous êtes votre propre maître. Rougissez
donc de vous surprendre à rien faire, quand il y a tant
à faire, pour vous-même, pour votre famille, pour votre
pays. Prenez vos outils sans mitaines, souvenez-vous
que *chat ganté ne prend pas de souris*, comme dit le
bonhomme Richard. Il est vrai qu'il y a beaucoup de
besogne et peut-être avez-vous le bras faible; mais
tenez ferme, et vous verrez des merveilles, car, *à la
longue, les gouttes d'eau percent la pierre; — avec de
l'activité et de la patience, la souris coupe le câble; — les
petits coups font tomber de grands chênes.*

« Je crois entendre quelqu'un de vous me dire :
« Mais ne peut-on se donner un instant de loisir? » Je
te dirai, mon ami, ce que dit le bonhomme Richard :
*Emploie bien ton temps, si tu songes à gagner du loisir ;
et puisque tu n'es pas sûr d'une minute, ne perds pas
une heure.* Le loisir, c'est le moment de faire quelque
chose d'utile; ce loisir, l'homme actif l'obtiendra, mais
le fainéant, jamais ; car *une vie de loisir et une vie de
fainéantise sont deux. — Bien des gens voudraient vivre, sans travailler, sur leur seul esprit; mais ils*

échouent faute de fonds. Le travail, au contraire, amène à sa suite les aises, l'abondance, la considération. — *Fuyez les plaisirs et ils courront après vous.* — *La fileuse diligente ne manque pas de chemises;* — *à présent que j'ai vache et moutons, chacun me donne le bonjour.*

II. « Mais indépendamment de l'amour du travail, il nous faut encore de la stabilité, de l'ordre, du soin, et veiller à nos affaires de nos propres yeux, sans nous en rapporter tant à ceux des autres; car, comme dit le bonhomme Richard, *je n'ai jamais vu venir à bien arbre ou famille changés souvent de place;* et encore. *trois déménagements sont pires qu'un incendie.* Puis ailleurs : *garde ta boutique et ta boutique te gardera.* Et ailleurs encore : *si vous voulez que votre besogne soit faite, allez-y; si vous voulez qu'elle ne soit pas faite, envoyez-y.* Le bonhomme dit aussi : *Celui qui par la charrue veut s'enrichir, de sa main doit la tenir;* et ailleurs : *l'œil du maître fait plus d'ouvrage que ses deux mains;* — *faute de soin fait plus de tort que faute de science;* — *ne pas surveiller vos ouvriers, c'est leur livrer votre bourse ouverte.* Le trop de confiance est la ruine de plusieurs : *dans les choses de ce monde, ce n'est pas la foi qui sauve, mais le doute.* Le soin que l'on prend soi-même est celui qui fructifie le mieux; *car, si vous voulez avoir un serviteur fidèle et qui vous plaise, servez-vous vous-même. Grand malheur naît parfois de petite négligence. Faute d'un clou, le fer du cheval se perd; faute d'un fer, on perd le cheval; faute*

d'un cheval, le cavalier est perdu, parce que son ennemi l'atteint et le tue : le tout, faute d'attention au clou
d'un fer à cheval.

III. « C'en est assez, mes amis, sur l'activité et
l'attention à nos propres affaires ; il faut y ajouter l'économie, si nous voulons assurer le succès de notre travail. Un homme, s'il ne sait pas mettre de côté à mesure qu'il gagne, aura toute la vie le nez sur la meule
et mourra sans le sou. — *A cuisine grasse, testament
maigre.* Bien des fonds de terre s'en vont à mesure
qu'ils viennent, depuis que les femmes oublient pour
le thé le rouet et le tricot ; depuis que les hommes
laissent, pour le punch, la scie ou le rabot. Si vous
voulez être riche, apprenez à mettre de côté pour le
moins autant qu'à gagner. *L'Amérique n'a pas enrichi
l'Espagne,* parce que ses dépenses ont toujours dépassé
ses recettes.

« Laissez là toutes vos folies dispendieuses, et vous
n'aurez plus tant à vous plaindre de la dureté des
temps, de la pesanteur de l'impôt et des charges du
ménage ; car *les femmes et le vin, le jeu et la mauvaise
foi, font petites les richesses et grands les besoins ;* et,
comme le dit ailleurs le bonhomme Richard, *un vice
coûte plus à nourrir que deux enfants.*

« Vous pensez peut-être qu'un peu de thé, un peu de
punch de temps à autre, un plat un peu plus recherché, des habits un peu plus brillants, une partie de plaisir par-ci, par-là, ne tirent pas à conséquence ; mais
souvenez-vous que *les petits ruisseaux font les grandes*

rivières. Défiez-vous des petites dépenses. *Il ne faut qu'une petite fente pour couler à fond un grand navire*, dit le bonhomme Richard. — *Les gens friands seront mendiants; — les fous font la noce et les sages la mangent.*

« Vous voilà tous assemblés ici pour acheter des colifichets et des babioles : vous appelez cela des *biens;* mais si vous n'y prenez garde, cela pourra être des *maux* pour plusieurs d'entre vous. Vous comptez qu'ils seront vendus bon marché, et peut-être seront-ils en effet vendus au-dessous du prix courant; mais si vous n'en avez que faire, ils seront encore trop chers pour vous. Rappelez-vous ce que dit le bonhomme Richard : *Achète ce qui t'est inutile, et tu vendras, sous peu, ce qui t'est nécessaire.* Il dit encore : *Réfléchis bien avant de profiter du bon marché;* nous faisant entendre que le *bon marché* n'est peut-être qu'apparent, ou que l'achat, par la gêne qu'il amène, nous fera plus de mal que de bien; car il dit dans un autre endroit : *Les bons marchés ont ruiné nombre de gens;* et ailleurs : *c'est une folie que d'employer son argent à acheter un repentir.* Et cependant cette folie se renouvelle chaque jour dans les ventes, faute de penser à l'Almanach. Combien pour la parure de leurs épaules ont fait jeûner leur ventre, et presque réduit leur famille à mourir de faim! *Soie et satin, écarlate et velours, éteignent le feu de la cuisine,* dit le bonhomme Richard; loin d'être les *nécessités* de la vie, ils en sont à peine les *commodités*, et pourtant, parce qu'ils brillent à la vue, combien de

gens s'en font un besoin ! Par ces extravagances et
autres semblables, les gens du bel air sont réduits à la
pauvreté et forcés d'emprunter à ceux qu'ils mépri-
saient auparavant, mais qui se sont maintenus par
l'activité et l'économie; ce qui prouve qu'*un laboureur
sur ses pieds est plus grand qu'un gentilhomme à ge-
noux*, comme dit le bonhomme Richard. Peut-être
avaient-ils reçu quelque petit héritage sans savoir
comment cette fortune avait été acquise : « *Il est jour*,
pensaient-ils, *il ne sera jamais nuit;* que fait une si
mesquine dépense sur une telle somme? » Mais, *à force
de puiser à la huche sans y rien mettre, on en trouve
le fond*, comme dit le bonhomme Richard; et c'est alors,
*c'est quand le puits est à sec, que l'on sait le prix de
l'eau.* Mais, direz-vous, c'est ce qu'ils auraient su plus
tôt, s'ils avaient suivi le conseil du bonhomme Richard ·
« *Voulez-vous savoir le prix de l'argent, allez et es-
sayez d'en emprunter.* » Qui va à l'emprunt cherche un
affront; et de fait, il en arrive autant à celui qui prête
à certaines gens, quand il veut rentrer dans ses fonds.

« Le bonhomme Richard nous avertit et nous dit :
*L'orgueil de la parure est une vraie malédiction; avant
de consulter votre fantaisie, consultez votre bourse.* Il
nous dit aussi : *L'orgueil est un mendiant qui crie aussi
haut que le beso n et avec bien plus d'effronterie.* Avez-
vous fait emplette d'une jolie chose, il vous en faut
acheter dix autres, pour que vos acquisitions anciennes
et nouvelles ne jurent pas entre elles. Aussi, dit le
bonhomme Richard, *il est plus aisé de réprimer le pre-*

mier désir que de contenter tous ceux qui suivent. Le pauvre qui singe le riche est véritablement aussi fou que la grenouille qui s'enfle pour égaler le bœuf en grosseur. *Les grands vaisseaux peuvent risquer davantage, mais les petits bateaux ne doivent pas s'écarter du rivage.*

« Au surplus, les folies de cette nature sont assez vite punies; car, comme dit le bonhomme Richard . *L'orgueil qui dîne de vanité soupe de mépris. — L'orgueil déjeune avec l'abondance, dîne avec la pauvreté, et soupe avec la honte.*

« Et que revient-il, après tout, de cette envie de paraître pour laquelle on a tant de risques à courir et tant de peines à subir? Elle ne peut conserver un jour de plus la santé, ni adoucir la souffrance. Elle n'ajoute pas un grain au mérite de la personne; elle éveille la jalousie, elle hâte le malheur.

« Quelle sottise n'est-ce pas de s'endetter pour de telles superfluités ! Dans cette vente-ci, l'on vous offre *six mois de crédit*, et c'est peut-être là ce qui a engagé quelques-uns de nous à s'y rendre, parce que, n'ayant pas d'argent à débourser, nous espérons nous parer gratuitement. Mais pensez-vous à ce que vous faites en vous endettant? Vous donnez à autrui pouvoir sur votre liberté. Si vous ne payez pas au terme fixé, vous rougirez de voir votre créancier; vous tremblerez en lui parlant : vous inventerez de pitoyables excuses, et, par degrés, vous arriverez à perdre votre franchise, vous tomberez dans les mensonges les plus tortueux et les plus vils; car *mentir n'est que le second vice; le premier est de s'endetter*, dit le bonhomme Richard; — *le mensonge monte en croupe de la dette*, dit-il encore à ce sujet. Un homme né libre ne devrait jamais rougir ni trembler devant tel homme vivant que ce soit; mais souvent la pauvreté efface et courage et vertu. — *Il est difficile à un sac vide de se tenir debout*. Que penseriez-vous d'un gouvernement qui vous défendrait par un édit de vous habiller comme un grand seigneur ou comme une grande dame, sous peine de prison ou de servitude? Ne direz-vous pas que vous êtes libres ; que vous avez le droit de vous habiller comme bon vous semble; qu'un tel édit est un attentat formel à vos priviléges, qu'un tel gouvernement est tyrannique? — et cependant vous consentez à vous soumettre à une tyrannie semblable, dès l'instant où vous vous endettez *pour briller !* Votre créancier est autorisé à vous priver, selon son bon plaisir, de votre liberté, en vous confinant pour la vie dans une prison, ou bien en vous vendant comme esclave si vous n'êtes pas en état de le payer. Quand vous avez fait votre marché, peut-être ne songiez-vous guère au payement; mais, comme dit le bonhomme Richard, *les créanciers ont meilleure mémoire que les débiteurs. — Les créanciers*, dit-il encore, *forment une secte superstitieuse, observatrice des jours et des temps.* Le jour de l'échéance arrive avant que vous l'ayez vu venir, et l'on monte chez vous avant que vous soyez en mesure; ou bien, si votre dette est présente à votre esprit, le terme, qui vous avait d'abord

paru si long, vous paraîtra bien peu de chose à mesure
qu'il s'accourcit; vous croirez que le temps s'est mis
des ailes aux talons comme aux épaules. — *Le carême
est bien court pour qui doit payer à Pâques.*

« Peut-être vous croyez-vous à ce moment en position de faire, sans préjudice, quelques petites extravagances; mais alors épargnez, pendant que vous le pouvez, pour le temps de la vieillesse et du besoin. — *Le
soleil du matin ne brille pas tout le jour.* Le gain est
passager et incertain; mais la dépense sera, toute votre
vie, continuelle et certaine; et *il est plus aisé de bâtir
deux cheminées que d'en tenir une chaude,* comme dit
dit le bonhomme Richard; *ainsi,* ajoute-t-il, *allez plutôt
vous coucher sans souper que de vous lever avec une
dette. Gagnez ce que vous pouvez, et tenez bien ce que
vous gagnez : voilà la pierre qui changera votre plomb en
or ;* et quand vous posséderez cette pierre philosophale,
soyez sûrs que vous ne vous plaindrez plus de la dureté
des temps ni de la difficulté à payer l'impôt.

IV. « Cette doctrine, mes amis, est celle de la raison
et de la sagesse; n'allez pas cependant vous confier uniquement à l'activité, à l'économie, à la prudence, bien
que ce soient d'excellentes choses. Car elles vous seraient tout à fait inutiles sans la bénédiction du Ciel.
Demandez donc humblement cette bénédiction, et ne
soyez pas sans charité pour ceux qui paraissent en avoir
besoin présentement, mais *consolez-les et aidez-les.*
N'oubliez pas que Job fut bien misérable, et qu'ensuite
il redevint heureux.

« Et maintenant, pour terminer : *l'expérience tient une école qui coûte cher ; mais c'est la seule où les insensés puissent s'instruire*, comme dit le bonhomme Richard, et encore n'y apprennent-ils pas grand'chose. Il a bien raison de dire que *l'on peut donner un bon avis, mais non la conduite*. Toutefois, rappelez-vous ceci : *qui ne sait pas être conseillé, ne peut être secouru ;* et puis ces mots encore : *si vous n'écoutez pas la raison, elle ne manquera pas de vous donner sur les doigts*, comme dit le bonhomme Richard. »

Le Vieillard finit ainsi sa harangue. On l'avait écouté; on approuva ce qu'il venait de dire et l'on fit sur-le-champ le contraire, précisément comme il arrive aux sermons ordinaires; car la vente s'ouvrit et chacun enchérit de la manière la plus extravagante. — Je vis que ce brave homme avait soigneusement étudié mes Almanachs et digéré tout ce que j'avais dit sur ces matières pendant vingt-cinq ans. Les fréquentes citations qu'il avait faites eussent fatigué tout autre que l'auteur cité; ma vanité en fut délicieusement affectée, bien que je n'ignorasse pas que, dans toute cette sagesse, il n'y avait pas la dixième partie qui m'appartînt et que je n'eusse glanée dans le bon sens de tous les siècles et de tous les pays. Quoi qu'il en soit, je résolus de mettre cet écho à profit pour moi-même; et, bien que d'abord je fusse décidé à m'acheter un habit neuf, je me retirai, déterminé à faire durer le vieux.

Ami lecteur, si tu peux en faire autant, tu y gagneras autant que moi.

CONSEILS
POUR FAIRE FORTUNE
PAR FRANKLIN

———

I

AVIS D'UN VIEIL OUVRIER A UN JEUNE OUVRIER

Souvenez-vous que le *temps* est de l'argent. Celui qui, par son travail, peut gagner dix francs par jour, et qui se promène ou reste oisif une moitié de la journée, quoiqu'il ne débourse que quinze sous pendant ce temps de promenade ou de repos, ne doit pas se borner à faire compte de ce déboursé seulement : il a réellement dépensé, disons mieux, il a jeté cinq francs de plus.

Souvenez-vous que le *crédit* est de l'argent. Si un homme me laisse son argent dans les mains après l'échéance de ma dette, il m'en donne l'intérêt, ou tout le produit que je puis en retirer pendant le temps qu'il me le laisse. Le bénéfice monte à une somme considérable pour un homme qui a un crédit étendu et solide, et qui en fait un bon usage.

Souvenez-vous que l'argent est de nature à se multiplier par lui-même. L'argent peut engendrer l'argent; les petits qu'il a faits en font d'autres plus facilement encore, et ainsi de suite. Cinq francs employés en valent six; employés encore, ils en valent sept et vingt centimes, et proportionnellement ainsi jusqu'à cent louis. Plus les placements se multiplient, plus ils se grossissent; et c'est de plus en plus vite que naissent les profits. Celui qui tue une truie pleine, en anéantit toute la descendance, jusqu'à la millième génération. Celui qui engloutit un écu, détruit tout ce que cet écu pouvait produire, et jusqu'à des centaines de francs.

Souvenez-vous qu'une somme de cinquante écus par an peut s'amasser en n'épargnant guère plus de huit sous par jour. Moyennant cette faible somme, que l'on prodigue journellement sur son temps ou sur sa dépense, sans s'en apercevoir, un homme, avec du crédit, a, sur sa seule garantie, la possession constante et la jouissance de mille écus à cinq pour cent. Ce capital, mis activement en œuvre par un homme industrieux, produit un grand avantage.

Souvenez-vous du proverbe : *Le bon payeur est le maître de la bourse des autres.* Celui qui est connu pour payer avec ponctualité et exactitude à l'échéance promise, peut, en tout temps, en toute occasion, jouir de tout l'argent dont ses amis peuvent disposer ; ressource parfois très-utile. Après le travail et l'économie, rien ne contribue plus au succès d'un jeune homme dans le monde que la ponctualité et la justice dans toute affaire :

c'est pourquoi, lorsque vous avez emprunté de l'argent, ne le gardez jamais une heure au delà du terme où vous avez promis de le rendre, de peur qu'une inexactitude ne vous ferme pour toujours la bourse de votre ami.

Les moindres actions sont à observer en fait de crédit. Le bruit de votre marteau qui, à cinq heures du matin, ou à neuf heures du soir, frappe l'oreille de votre créancier, le rend facile pour six mois de plus : mais s'il vous voit à un billard, s'il entend votre voix au cabaret, lorsque vous devez être à l'ouvrage, il envoie pour son argent dès le lendemain, et le demande avant de le pouvoir toucher tout à la fois. C'est par ces détails que vous montrez si vos obligations sont présentes à votre pensée; c'est par là que vous acquérez la réputation d'un homme d'ordre, aussi bien que d'un honnête homme, et que vous augmentez encore votre crédit.

Gardez-vous de tomber dans l'erreur de plusieurs de ceux qui ont du crédit, c'est-à-dire de regarder comme à vous tout ce que vous possédez, et de vivre en conséquence. Pour prévenir ce faux calcul, tenez à mesure un compte exact, tant de votre dépense que de votre recette. Si vous prenez d'abord la peine de mentionner jusqu'aux moindres détails, vous en éprouverez de bons effets; vous découvrirez avec quelle étonnante rapidité une addition de menues dépenses monte à une somme considérable, et vous reconnaîtrez combien vous auriez pu économiser pour l'avenir, sans vous occasionner une grande gêne.

Enfin, le chemin de la fortune sera, si vous le voulez, aussi uni que celui du marché. Tout dépend surtout de deux mots : *travail et économie ;* c'est-à-dire, de ne dissiper ni le *temps*, ni l'*argent*, mais de faire de tous deux le meilleur usage qu'il est possible. Sans travail et sans économie, vous ne ferez rien; avec eux, vous ferez tout. Celui qui gagne tout ce qu'il peut gagner honnêtement, et qui épargne tout ce qu'il gagne, sauf les dépenses nécessaires, ne peut manquer de devenir *riche*, si toutefois cet Être qui gouverne le monde, et vers lequel tous doivent lever les yeux pour obtenir la bénédiction de leurs honnêtes efforts, n'en a pas, dans la sagesse de sa Providence, décidé autrement.

II

AVIS NÉCESSAIRES A CEUX QUI VEULENT ÊTRE RICHES

La possession de l'argent n'est avantageuse que par l'usage qu'on en fait.

Avec six louis par an vous pouvez avoir l'usage d'un capital de cent louis, pourvu que vous soyez d'une prudence et d'une honnêteté reconnues.

Celui qui fait par jour une dépense inutile de huit sous, dépense inutilement plus de six louis par an, ce qui est le prix que coûte l'usage d'un capital de cent louis.

Celui qui perd chaque jour dans l'oisiveté pour huit

sous de son temps, perd l'avantàge de se servir d'une somme de cent louis tous les jours de l'année.

Celui qui prodigue, sans fruit, pour cinq francs de son temps, perd cinq francs tout aussi sagement que s'il les jetait dans la mer.

Celui qui perd cinq francs, perd non-seulement ces cinq francs, mais tous les profits qu'il en aurait encore pu retirer en les faisant travailler; ce qui, dans l'espace de temps qui s'écoule entre la jeunesse et l'âge avancé, peut monter à une somme considérable.

III

AUTRE AVIS

Celui qui vend à crédit demande de l'objet qu'il vend un prix équivalent au principal et à l'intérêt de son argent, pour le temps pendant lequel il doit en rester privé; celui qui achète à crédit paye donc un intérêt pour ce qu'il achète; et celui qui paye en argent comptant pourrait placer cet argent à intérêt; ainsi, celui qui possède une chose qu'il a achetée, paye un intérêt pour l'usage qu'il en fait.

Toutefois, dans ses achats, il est mieux de payer comptant, parce que celui qui vend à crédit, s'attendant à perdre cinq pour cent en mauvaises créances, augmente d'autant le prix de ce qu'il vend à crédit pour se couvrir de cette différence.

Celui qui achète à crédit paye sa part de cette aug-

mentation. Celui qui paye argent comptant y échappe,
ou peut y échapper.

I V

MOYENS D'AVOIR TOUJOURS DE L'ARGENT DANS SA POCHE

Dans ce temps·, où l'on se plaint généralement que
l'argent est rare, ce sera faire acte de bonté que d'indiquer aux personnes qui sont à court d'argent, le
moyen de pouvoir mieux garnir leurs poches. Je veux
leur enseigner le véritable secret de gagner de l'argent, la méthode infaillible pour remplir les bourses
vides, et la manière de les garder toujours pleines.
Deux simples règles, bien observées·, en feront l'affaire.

Voici la première : Que la probité et le travail soient
vos compagnons assidus.

Et la seconde : Dépensez un sou de moins par jour
que votre bénéfice net.

Par là, votre poche si plate commencera bientôt à
s'enfler, et n'aura plus à crier jamais que son ventre
est vide; vous ne serez pas maltraité par des créanciers, pressé par la misère, rongé par la faim, glacé
par la nudité. Le ciel brillera pour vous d'un éclat plus
vif, et le plaisir fera battre votre cœur. Hâtez-vous
donc d'embrasser ces règles et d'être heureux. Écartez
loin de votre esprit le souffle glacé du chagrin et vivez

indépendant. Alors vous serez un homme, et vous ne cacherez point votre visage à l'approche du riche; vous n'éprouverez point de déplaisir de vous sentir petit lorsque les fils de la fortune marcheront à votre droite; car l'indépendance, avec peu ou beaucoup, est un sort heureux, et vous place de niveau avec les plus fiers de ceux que décorent les ordres et les rubans. Oh! soyez donc sages; que le travail marche avec vous dès le matin; qu'il vous accompagne jusqu'au moment où le soir vous amènera l'heure du sommeil. Que la probité soit comme l'âme de votre âme, et n'oubliez jamais de conserver un sou de reste, après toutes vos dépenses comptées et payées; alors vous aurez atteint le comble du bonheur, et l'indépendance sera votre cuirasse et votre bouclier, votre casque et votre couronne; alors vous marcherez tête levée sans vous courber devant des habits de soie parce qu'ils seront portés par un misérable qui aura des richesses, sans accepter un affront parce que la main qui vous l'offrira étincellera de diamants.

V

LE SIFFLET

A mon avis il serait tres-possible pour nous de tirer de ce bas monde beaucoup plus de bien, et d'y souffrir

moins de mal, si nous voulions seulement prendre
garde de *ne donner pas trop pour nos sifflets*; car il me
semble que la plupart des malheureux qu'on trouve
dans le monde sont devenus tels par leur négligence
de cette précaution.

Vous demandez ce que je veux dire? Vous aimez les
histoires, et vous m'excuserez si je vous en donne une
qui me regarde moi-même.

Quand j'étais un enfant de cinq ou six ans, mes
amis, un jour de fête, remplirent ma petite poche de
sous. J'allai tout de suite à une boutique où on vendait
des babioles; mais, étant charmé du son d'un sifflet
que je rencontrai en chemin dans les mains d'un autre
petit garçon, je lui offris et lui donnai volontiers pour
cela tout mon argent. Revenu chez moi, sifflant par
toute la maison, fort content de mon achat, mais fati-
guant les oreilles de toute la famille, mes frères, mes
sœurs, mes cousines, apprenant que j'avais tant donné
pour ce mauvais bruit, me dirent que c'était dix fois
plus que la valeur. Alors ils me firent penser au nombre de bonnes choses que j'aurais pu acheter avec le
reste de ma monnaie, si j'avais été plus prudent : ils
me ridiculisèrent tant de ma folie, que j'en pleurai de
dépit, et la réflexion me donna plus de chagrin que le
sifflet de plaisir.

Cet accident fut cependant, dans la suite, de quelque
utilité pour moi, l'impression restant sur mon âme;
de sorte que, lorsque j'étais tenté d'acheter quelque
chose qui ne m'était pas nécessaire, je disais en moi-

même : *Ne donnons pas trop pour le sifflet*, et j'épar-
gnais mon argent.

Devenant grand garçon, entrant dans le monde et
observant les actions des hommes, je vis que je rencon-
trais nombre de gens qui *donnaient trop pour le sifflet*.

Quand j'ai vu quelqu'un qui, ambitieux de la faveur
de la cour, consumait son temps en assiduités aux le-
vers, son repos, sa liberté, sa vertu, et peut-être même
ses vrais amis pour obtenir quelque petite distinction,
j'ai dit en moi-même : Cet homme *donne trop pour son
sifflet*.

Quand j'en ai vu un autre, avide de se rendre populaire, et pour cela s'occupant toujours de contestations
publiques, négligeant ses affaires particulières, et les
ruinant par cette négligence : *Il paye trop*, ai-je dit,
pour son sifflet.

Si j'ai connu un avare qui renonçait à toute manière
de vivre commodément, à tout le plaisir de faire du
bien aux autres, à toute l'estime de ses compatriotes
et à tous les charmes de l'amitié pour avoir un morceau de métal jaune : Pauvre homme, disais-je, *vous
donnez trop pour votre sifflet*.

Quand j'ai rencontré un homme de plaisir, sacrifiant
tout louable perfectionnement de son âme, et toute
amélioration de son état, aux voluptés du sens purement corporel, et détruisant sa santé dans leur pour-
suite : Homme trompé, ai-je dit, vous vous procurez
des peines au lieu des plaisirs ; *vous payez trop pour
votre sifflet*.

Si j'en ai vu un autre, entêté de beaux habillements, belles maisons, beaux meubles, beaux équipages, tous au-dessus de sa fortune, qu'il ne se procurait qu'en faisant des dettes, et en allant finir sa carrière dans une prison : Hélas ! ai-je dit, *il a payé trop pour son sifflet.*

Quand j'ai vu une très-belle fille, d'un naturel bon et doux, mariée à un homme féroce et brutal, qui la maltraite continuellement : C'est grand' pitié, ai-je dit, qu'elle ait *tant payé pour un sifflet.*

Enfin j'ai conçu que la plus grande partie des malheurs de l'espèce humaine viennent des estimations fausses qu'on fait de la valeur des choses, et de ce qu'*on donne trop pour les sifflets.*

Néanmoins, je sens que je dois avoir de la charité pour ces gens malheureux, quand je considère qu'avec toute la sagesse dont je me vante, il y a certaines choses, dans ce bas monde, si tentantes, que, si elles étaient mises à l'enchère, je pourrais être très-facilement porté à me ruiner par leur achat, et trouver que j'aurais encore une fois *donné trop pour le sifflet.*

TABLE DES MATIÈRES

CHAPITRE VI

DEUXIÈME PARTIE

CHAPITRE VII

CHAPITRE VIII

CHAPITRE IX

FIN DE LA TABLE DES MATIÈRES

www.ingramcontent.com/pod-product-compliance
Lightning Source LLC
Chambersburg PA
CBHW060543210326
41519CB00014B/3325